厦门大学本科教材资助项目

包装设计教材——结构学习用书

包装变形计

绿色包装创意结构设计

厦门大学品牌与包装设计研究工作室

吴鑫 编著

参与人员：谢欣容 董思琪 盛加铭 钟淑婷
田佑畦 林妍珊 王甜甜

厦门大学出版社
XIAMEN UNIVERSITY PRESS

国家一级出版社
全国百佳图书出版单位

U0170100

图书在版编目(CIP)数据

包装变形记:绿色包装创意结构设计/吴鑫编著.—厦门:厦门大学出版社,2021.12
ISBN 978-7-5615-8246-6

Ⅰ.①包… Ⅱ.①吴… Ⅲ.①绿色包装—包装设计 Ⅳ.①TB482

中国版本图书馆 CIP 数据核字(2021)第 101776 号

出 版 人 郑文礼
策　　划 王鹭鹏
责任编辑 牛跃天

出版发行 厦门大学出版社

社　　址 厦门市软件园二期望海路 39 号
邮政编码 361008
总　　机 0592-2181111　0592-2181406(传真)
营销中心 0592-2184458　0592-2181365
网　　址 http://www.xmupress.com
邮　　箱 xmup@xmupress.com
印　　刷 厦门市竞成印刷有限公司

开本 889 mm×1 194 mm　1/16
印张 12
字数 185 千字
版次 2021 年 12 月第 1 版
印次 2021 年 12 月第 1 次印刷
定价 145.00 元

本书如有印装质量问题请直接寄承印厂调换

厦门大学出版社
微信二维码

厦门大学出版社
微博二维码

前言
Preface

　　我从教22年，带着一批又一批本科生和研究生致力于可持续性包装设计的研究与实践，一直思考着推出一系列绿色包装设计的教材或专著以总结这些年的研究成果与实践经验。今年，在疫情影响，闭门家中的情势下，终得以将心愿付诸行动，遂带领研究生静下心来编著这本《包装变形记——绿色包装创意结构设计》。本书立足绿色包装的"4R1D"原则，围绕包装构造展开研究，用创意与巧思将包装的"瘦身原则""变身原则""再生原则""永生原则"，以及包装的"消失原则"运用到实际的产品包装设计中，为具备可持续性的包装设计课程提供教学指导。教材将理论与设计实践进行充分结合，联系国际包装绿色发展趋势，以市场需求为导向，引导学生从设计师的角度解决包装面临的环境污染、过度包装、成本耗费等问题。书中所有包装结构设计之作品均源自我的设计研究工作室师生们的创作与实践。从设计构思、草图绘制、样稿制作、3D建模到最后的版面设计，每一个步骤都凝结着我们大量的心血。为了让获得此书的学生更好地学习和借鉴，在编写时我们特别对每一个设计方案进行说明，我想这应该算是一本内容丰富、全面并富有启发性的包装设计教材。书中的理论部分在深入剖析绿色包装"4R1D"原则的基础上进行了延展论述，对包装与环境、包装与人之间的关系进行了探讨，并延伸至绿色包装的生命周期计算、绿色包装的未来发展，在立足现实的基础上更具前瞻性。对于该教材的编著，我始终本着总结过往、展望未来的基本原则，将编写的形式与内容紧扣教学，大力倡导绿色包装设计之观念，积极引导启发学生的绿色创意思维，提高设计素养，使之成为一本具有前瞻性、与时代发展紧密结合的教材，以期为该专业方向的教学与发展尽我本分。

再次特别表扬参与编写该教材的我的研究生们：谢欣容、董思琪、盛加铭、钟淑婷、田佑畦、林妍珊、王甜甜，你们的付出与努力终将凝结在这本教材里，以最好的方式呈现给需要它的人们。

吴 鑫

2020年12月5日

目录 | Contents

导语——绿色包装的兴起

Introduction

绿色包装是一种包装形式，指选择制作材料、投入生产、运输储藏、销售、使用以及废弃处理这一包装的完整生命周期的每一环节均对保护生态环境产生正面影响。除满足对商品进行保护、储存、美化、宣传以及促销等基本功能的要求，绿色包装设计还应不对人体健康造成伤害、所用材料在使用之后能够回收再利用或在填埋之后易于降解，满足当下可持续发展的要求，因此也有人称之为"生态包装"或"环境之友包装"。过去，包装设计师需要有设计功底，还要拥有印刷、选材、工艺手段等丰富的知识储备，而今天，基于普遍的环保诉求，包装设计师不仅要有上述技能，更要传播绿色包装理念，做生态环境的守护者。绿色包装既给了设计师机遇，也给了设计师发展空间。

20世纪60年代末，美国设计理论家维克多·帕帕奈克出版了《为真实的世界设计》一书，谈及设计师面临的最紧迫的问题时，强调设计是推动社会变革的重要力量，他认为设计者应考虑到地球资源有限，应该有保护环境的意识。1992年，联合国环境与发展大会通过《里约环境与发展宣言》以及《21世纪议程》正式确立"可持续发展"主题，即发展既要能满足当代人的需要，又要不以损害后代人的需要为代价，在满足人类需要的同时不会损害其他物种生存。这是人类反思、总结后提出来的新的发展思路，现已成为指导个人设计行为的基本思想。

在中国，包装设计的历史很长，从使用竹子、荷叶，到使用藤编、陶瓷，再到广泛应用纸包装，长久的历史积淀为我国现代包装的发展累积了丰富的经验，为包装行业的蓬勃发展做了充足的准备。

改革开放以来，我国包装行业迎来井喷式发展，到今天已经成为国民经济的主要产业之一。尽管总体上和世界工业发达国家相比还存在一定的差距，但我国的包装行业已在许多领域达到或接近世界先进水平，为经济的发展做出巨大贡献。

在不断创造财富的同时，包装行业也带来大量的资源浪费，对环境产生巨大的压力。据统计，我国包装业现有25000多家企业，年产值从1980年的72亿元增加到2016年的1.9万亿元，每年递增近20%，总计产生包装废弃物1600万吨，且排放量以每年12%的速度递增。我国的包装物在一次性使用后就成为废弃物的比例占总量的70%，人均达12千克之多。近几年，泛滥于市场的过度包装现象是产生大量包装废弃物的原因之一。由于经济发展，人民群众购买力提高，不少厂商为了获得更高的利润，在商品的包装设计上大做文章，强调材料贵重、工艺复杂，来促进商品的销售、抬高商品售价，以此满足消费者的攀比心理。过度包装的营销模式不仅误导消费观念，更让包装变得难以回收再利用，是功能定位上的本末倒置。

尽管中国包装技术协会、中国包装总公司早在"九五规划"中就提出，包装制品总回收率要在20世纪末达到43%，其中纸包装达到40%、塑料包装达到20%、玻璃包装达到50%、金属包装达到60%，但从目前的数据看，我国城市生活垃圾的最终处理场中，包装废弃物占15%~20%，回收量不到两成，可回收利用的丰富物料资源迅速流失，给本来就已不堪重负的生态环境带来更大的负荷。由此可见，我国目前的绿色包装产业管理手段欠缺，包装产品的回收及处理系统仍需要完善，产业水平亟待提升。事实上，包装废弃物的回收再利用不仅有环保价值，还有很高的经济价值，对包装废弃物进行回收处理，既出于保护生态平衡的目的，也出于经济的目的。对于今天的国人而言，进行包装绿色革命势在必行。

王受之曾叮嘱设计师："设计是唯一的售前服务。"对于设计师来说，必须为设计负责，明确设计责任和建立设计伦理体系是将包装设计的重点导向绿色包装设计的前提。作为绿色包装时代的参与者，设计师应该将绿色理念变为工作准则，倡导"适度的生活、适度的设计"，积极助推绿色包装。包装设计师意识到自己肩负的责任后，应关注行业中不合理的包装现象，通过设计来引导大众的消费观念和消费习惯，让经典、耐久的而不是会被迅速淘汰的包装成为市场主导；积极研究和开发环保型包装材料、结构、技术，预见包装设计的发展方向。因此，包装设计师应注重培养绿色包装设计理念。

本书的"绿色包装解析"一章介绍绿色包装的定义、原则和起源。"绿色包装纪实"一章介绍国内外绿色包装的政策、发展现状以及企业行为。"绿色包装算法"一章主要探讨绿色包装设计的评价方法——生命周期评价。生命周期评价考察绿色包装从设计到流通再到"死亡"的全过程，使产品包装的设计、制造、使用和处理均满足低消耗、减量、少污染、可循环等生态环境保护的要求，有效降低包装对环境的影响。通过生命周期评价，可以确保企业对包装设计的改进确实转化为可测量的环保性能参数，还可以为确定包装设计研发的方向提供参考。"绿色包装结构设计"一章深入探讨4R1D原则，分享大量案例。"绿色包装将来时"一章就绿色包装提出建议。期望读者阅读后能拥有绿色包装的理念，发挥创造力，推动包装行业发展进入良性循环的经济轨道，全面推广环保型包装。

绿色包装解析
Green Packaging Analysis

解读绿色包装

随着经济的发展，商品上出现大量包装，相应带来废弃物污染。商品包装应能保护商品、方便运输、促进销售、为商品创造附加价值，同时，要顺应时代潮流的发展，满足绿色低碳的环保需求，减少环境污染。设计出这样的包装是每个包装设计师应尽的职责。

一、绿色包装设计

绿色包装可以追溯到20世纪80年代，当时德国率先推出了"绿点回收标志"（Der Grüne Punkt，即产品包装上的绿色标志）。1987年，联合国环境与发展委员会发布《我们共同的未来》，1992年联合国环境与发展大会通过《里约环境与发展宣言》以及《21世纪议程》，随后国际标准化组织统一制定了《环境管理标准体系 ISO/CD 14000》，绿色包装在世界各国发展起来。

我国于2019年5月发布的 GB/T 37422—2019《绿色包装评价方法与准则》认为，绿色包装设计是以"绿色"设计理念为主导的新型包装设计模式，也称"环境友好型包装"，"通常的，它是指在整个生命周期内，对生态环境和人体健康无害，能循环复用且再生利用或降解腐化，能促进持续发展的适度包装"。

二、绿色包装的原则

绿色包装广泛适用"3R"原则，即 Reduce（减量化）、Reuse（可复用）、Recycle（可回收）。这一原则，最早是为呼应循环经济以满足时代对可持续发展的要求，在2002年10月8日举办的"能源·环境·可持续发展研讨会"上提出的，现逐渐变成绿色设计的基本原则。我国学者席涛的《绿色包装设计》一书提出，包装设计需要包装设计方法和方法论的统一变革，用可持续的包装设计方法，从长远的角度来审视变革方向，权衡变革的价值，使包装设计成为具有深远意义的策略性活动。他提倡，包装设计应当遵从"3R"原则，在保障包装功能的前提下，尽可能减少材料的用量，以减少包装废弃物量；重复使用包装材料，以节约资源、减少废弃物；优先采用可回收再生材料，以提高资源利用率。

"3R"原则推广后，人们意识到，绿色包装还有其他内涵，例如，有些包装物经紫外线、土壤、微生物等作用后可以自然降解，不会以污染物的形式回归自然，这些包装物的材料即可降解材料，它们是极好的绿色包装用材。在可降解材料的发展过程中，Degradable（可降解）这一理念一提出就被确定为推广绿色包装的有效理念。后来也有学者提出能量再生（Recover）理论，即将包装物视为能源，通过焚烧包装产品的废弃物，利用回收物的热能，也可以用于绿色包装。然而，包装物的主要成分是纸，但有的含有卤素、重金属等有毒、有害元素，焚烧时会产生氯化氢、锑、镉等有害物质，造成二次污染。各种观点汇总起来，就是要求包装物可重新装填（Refill）——使用过的商品包装通过专业化整理、消毒等技术手段，重复使用，以延长包装物的寿命，减少包装废弃物对环境造成的压力。所以，现阶段，世界贸易组织对绿色包装的要求可体现为"4R1D"，即减量化（Reduce）、可复用（Reuse）、可回收（Recycle）、可重新装填（Refill）、可降解（Degradable）。

三、绿色包装的内涵

绿色包装有两个内涵：自然生态内涵——以自然生态环境作为包装流通的起点和终点，既取之于自然，又回归于自然；人文生态内涵——人性化内涵、文化内涵，体现以人为本的理念。

四、绿色包装的功能

绿色包装的功能分为两种：一种是传统功能，另一种是创新功能。传统功能为保护、自我销售和促销、便利和安全，创新功能为环保和创造附加值。

绿色包装溯源

绿色包装是近代兴起的概念，但回溯历史，绿色包装在中国早就盛行。原始时期，人们就利用自然材料，如竹子、荷叶、芭蕉叶、葫芦来包装物品。随着生产实践的发展，逐渐改用稻草、芦苇、藤等较有韧性的植物来编织成绳，作为包装的主要材料。包装材料、手法的不断创新，和现代绿色包装的不断发展和创新有异曲同工之妙。

新石器时期，中国人就能制陶。与天然材料相比，陶器不仅耐用、防腐、防虫，而且更适合远距离运输。原始瓷器是陶器向瓷器过渡时期的产物，出现于3000多年前。真正的瓷器产生于东汉，因硬度更高、密封性更好，成为日常生活中的主要承装器。另外，到了夏商周时期，冶炼技术的发展催生的青铜器，渐渐在生活中占据重要地位，不仅兼具储存、盛放、运输等实用功能，还赋予包装审美的特性乃至精神意义。历史上，金银作为流通货币，也可作为包装材料，并广泛使用，其良好的延展性使得金、银包装容器的造型、装饰更多样化。较青铜器而言，金、银材质的包装容器避光性更好，抗氧化，耐腐蚀。

漆器的使用和纸张的发明将古代包装设计的发展推向新的高度。用漆涂在各种器物的表面上所制成的日常器具就是漆器，有防潮、耐高温、耐腐蚀等特殊功能。从商周直至明清，历经商业的繁荣、工艺的不断发展，国人制作漆器的水平相当高。纸是中国古代伟大的发明之一，蔡伦改进造纸术后，纸张变得廉价，纸质材料得到广泛运用。刘义庆的《幽明录》曾记载有一女子卖胡粉，就用纸来做包装，"百余裹胡粉，大小一积"；《大唐新语·谐谑》也有用纸做包装的记载——"益州每岁进柑子，皆以纸裹之"。纸的功能由书写延伸至包装——食物、茶叶及中草药皆可使用纸张包装。

在中国绿色包装发展的同时，世界各国的绿色包装也在与时俱进。古埃及人于第五王朝（公元前2345年—公元前2181年）时生产出不透明的有色玻璃，用之制造各种形式的容器，造型优美，色彩丰富。工业革命时期，人造材料不断出现并代替天然包装材料，1855年英国人发明瓦楞纸，1883年美国人发明硫酸盐纸浆制成的环保牛皮纸……这些均丰富了纸的类型和功能。19世纪末20世纪初，美国人用塑料进行包装，标志着商品包装进入现代化阶段。虽然使用塑料是造成环境破坏的最主要原因，但其发明的初衷却是用便宜、易得、消耗少的材料替代消耗大量资源的纸。

随着科学技术的迅猛发展，包装材料技术、印刷技术不断革新，新兴科技得到运用，包装材料正朝着可降解、无污染方向发展，塑料材质逐渐被新型的纸质类材质取代，提高了包装的绿色附加值，而且包装的结构、形式日趋多样化。美国食品设计公司 Wikifoods 使用静电和少量天然聚合物联结的实物粒子技术，生产出可食用包装，使包装袋成为食物的一部分，避免了废弃包装袋的污染。英国学生设计的作品 Ooho 利用"球化"技术，将水锁在由褐藻和氯化钙混合制成的双层可食用薄膜中，让人们摆脱对一次性塑料瓶的依赖。不断出现的新型绿色包装材料一步步打破传统包装材料的壁垒，逐渐改变了人们的生活习惯。

人们对待包装的态度在不断变化，从取之于自然，利用自然再到尊重自然，体现了环保意识的增强。在全球提倡低碳环保的趋势下，绿色包装设计的地位举足轻重，绿色包装设计已经成为每一个包装设计师必须涉足的重要领域。我们不仅要学习新的绿色设计理论，了解、运用最新的绿色材料，也要从传统文化中汲取绿色包装的灵感。

课后练习题

1. 什么是绿色包装？
2. 简述绿色包装的原则、内涵和功能。
3. 绿色包装与传统包装有什么共同点？相比于传统包装，其价值延伸在何处？
4. 绿色包装与环境保护的关系是什么？
5. 思考现代绿色包装设计是如何从"原始的绿色包装"中汲取灵感的。

绿色包装纪实

Green Packaging Documentation

　　自从塑料袋被发明并被广泛应用以来,人们的日常生活便处处伴随着它的身影。从吃饭购物,到大规模生产,似乎没有它们,生活就难以维系。但不断恶化的自然环境和不断枯竭的资源,迫使人们在发展和环保间找平衡。设计师开始关注绿色材料的使用,越来越多的消费者愿意为环保诉求买单,将其视为选择产品的主要因素。保护环境,发展绿色包装,已成为许多国家的共识,政府与学术界共同发力,在理论和实践中积极探索,以期取得良好的社会效益和经济效益。

政策发展进程

　　从1987年联合国环境与发展委员会发表《我们共同的未来》一文,到1992年6月联合国环境与发展大会通过《里约环境与发展宣言》以及《21世纪议程》,再到1996年国际标准化组织(ISO)颁布国际环境系列标准 ISO 14000并于1999年在全球施行,20世纪末的世界掀起了以保护生态环境为核心的绿色浪潮,可持续发展战略不断深入人心。许多国家制定并颁布了关于包装及包装废弃物的法律法规与政策要求,极大地推动了绿色包装的进程。接下来本书将简要介绍其中成效较为显著的三个国家——德国、美国及日本——可持续包装领域的政策。

　　德国是包装回收循环及重复利用领域的先行者和开拓者。1972年,德国发布《废弃物处理法》,提出处置废弃物的管理思路——防患、减量、循环利用、末端处理。1991年,德国颁布世界上第一部包装管理法令——《包装法令》,在世界范围内,首次以官方名义要求对包装废弃物进行回收管理。1994年,德国通过《产品再循环和废弃物管理法案》,该法案明确规定生产者要减少包装废弃物的排放并开展包装的回收复用等管理工作。2007年,德国第五次修订《包装与再生利用包装废弃物指令》,明确包装废弃率的控制办法,改革"一次性"销售系统,控制包装的废弃率,推动可复用包装的发展。

　　美国环保总局从标准控制、经济措施、押金制度和建立回收系统等方面改革包装工业。20世纪90年代,出现两种标准:包装制品减少15%或至少回收利用20%原材料,并确定使用罚款制度和押金制度。

以纽约州为例，1989年纽约州开始禁止使用非生物降解塑料袋，给主动生产可降解塑料制品的厂家发放补贴，不主动区分可再生和不可再生生活垃圾的市民要上缴500美元押金。实施押金制度后，纽约州两年内就节约了近2亿美元的清洗费、固体废弃物处理费和能源费用。包装回收利用方面，美国长期推动回收运动，逐步形成较为完备的系统回收方式，其中纸盒的回收总量每年高达4000万吨。

日本在20世纪70年代就对包装废弃物进行了全面、系统的管理，当时出台的《废物处理法》明确就包装从设计、生产、销售到回收再利用等过程的细节提出要求。1991年制定的《再生资源保护法》推动了玻璃瓶、铝铁罐、废纸盒等废弃包装资源的回收利用。1994年实施的《能源保护与促进回收法》使得日本80%的米酒瓶和95%的啤酒瓶得到有效回收，继而进行循环利用。1997年颁布的《容器包装再生利用法》明确了生产者、销售者及消费者等相关人员在包装废弃物的回收、循环及重复利用中应尽的责任和义务。21世纪初修订的《资源有效利用促进法》则重点关注废弃物零部件的再使用，结合日本国内运行的先进循环经济系统，使用独特的"产品包装分类回收法"，使得日本在包装循环利用领域取得很大的进展。

我国包装工业规模仅次于美国和日本，是世界第三大包装大国。改革开放以来，我国的绿色包装逐渐发展，经过40多年的努力，已取得卓越的成绩。从20世纪80年代开始，我国就实施了环保标识制度。1991年，《包装资源回收利用暂行管理办法》在全国范围内贯彻实施。1998年，各省、自治区、直辖市均设立了绿色包装协会。2016年修订的《中华人民共和国固体废物污染环境防治法》明确指出："倡导有利于环境保护的生产方式和生活方式"，"鼓励单位和个人购买、使用再生产品和可重复利用产品"。2018年，中国包装联合会正式发布关于国家标准《包装与环境 第3部分：重复使用》(GB/T 16716.3—2018)的征求意见稿，该征求意见稿详细阐述了包装重复使用的方法、要求以及系统规范。虽作为征求意见之用，但其完整度和成熟度证明国家有关部门对于可复用包装的开发和发展的重视。近两年来，互联网的飞速发展带动了电商平台的爆发式运营，商品传递到消费者手中时多了一层"保护屏障"——快递包装，但由此产生的包装废弃物相当多，减少快递包装的污染成为大势所趋。国务院于2018年正式颁布《快递暂行条例》，其中总则第九条提出："国家鼓励经营快递业务的企业和寄件人使用可降解、可重复利用的环保包装材料，鼓励经营快递业务的企业采取措施回收快件包装材料，实现包装材料的减量化利用和再利用。"

与西方发达国家相比，我国环保包装起步较晚，在设计观念和模式上还存在许多不足，绿色包装设计要达到世界先进水平还有很长的路要走。事实上，在包装可持续发展方面，不仅需要政府的努力，更需要公民的积极配合。只有在全社会共同努力下，让设计、生产、流通、消费各环节都贯彻节约意识，绿色包装才能实现。

企业行动

企业厂商和包装设计师肩负着践行绿色环保理念的社会责任，因此，绿色包装成为企业当下及未来持续研究、创造的重点。面对环境的可持续发展要求，许多企业正在积极响应绿色包装倡议，设计态度的转变和生产理念的发展致使包装设计师和厂商成了包装产业绿色化的中坚力量。

欧洲消费品巨头联合利华2019年宣布一项计划，以确保企业增长不破坏环境。其计划的具体内容是：到2020年，企业的包装重量减少1/3，产品垃圾减少一半；到2025年，实现所有包装材料可重复使用、可回收或可堆肥，将包装中的可回收塑料含量至少提高1/4。新西兰航空开始尝试提供可食用的香草口味咖啡杯，以减少垃圾量。这款咖啡杯不仅防漏，倒入咖啡后亦可以在一定时间内保持松脆口感，享用完咖啡后可当作饼干继续食用。据预测，改用这款杯子有望每年减少使用1500万个纸杯。

除此之外，其他企业或品牌也在进行探索：日本的造纸企业生产出 EDBU 用纸。美国 Cargill Dow LLC 公司从玉米淀粉中提取出聚乳酸，生产可生物降解的薄膜和信封；宝洁公司旗下护发品牌 Herbal Essences 与创新废品回收公司 Terra Cycle 合作推出的新系列产品包装原材料含有1/4的沙滩塑料垃圾；护肤品牌 REN Clean Skincare 也承诺，到2021年完全实现"零浪费"。英国天然美容品牌 Lush Cosmetics

则积极推行"裸包装",仅销售无包装的商品。

越来越多的品牌和企业聚焦于包装的可持续设计及创新设计，推动了整个包装产业的绿色化转型及环保化升级。21世纪是绿色的世纪，设计必将满足"绿色、健康、可持续"诉求。符合绿色理念要求的"绿色包装设计"将成为商品的必然选择。

课后练习题

1. 简述绿色包装设计的政策发展进程。

2. 除了上文中提到的国家，其他国家是如何推动绿色包装发展的？请举例说明。

3. 绿色包装的发展需要哪些社会力量的共同推动？

4. 我国的绿色包装发展有哪些成就与不足之处？

5. 企业在推动绿色包装设计发展方面承担着什么样的角色？请举例说明。

6. 绿色包装设计在市场经济中起到什么样的作用？

绿色包装算法

Green Packaging Algorithm

仅有理念，缺乏相应评估标准，可能会出现下列问题：其一，无法确保包装设计不仅优化具体环节，更从整体上减轻环境负荷；其二，绿色管理及发展规划实施时模棱两可，不够精准。推动绿色包装的发展需要客观、标准化的评估工具，以了解包装的具体消耗情况。目前国内普遍认可并在全球广泛应用的评估方法为生命周期评价方法，本章将简要介绍其内容和应用，帮助读者理解标准化评估工具的必要性。

绿色包装的生命周期评价

生命周期评价（Life Cycle Assessment，LCA）是用于客观定量分析的环境管理工具，其在产品、能源等环境相关的技术领域应用广泛，也是目前为止开发绿色包装的最佳评估方法和工具。包装的生命周期包括从设计、制造、加工、运输、使用到最终处理的全过程，在这个过程中，人们可用 LCA 评估包装的不同阶段对环境的负荷与影响，制定改进方案，指导企业尽可能降低污染排放，改善环境影响，实现经济与环境的可持续发展。

生命周期评价萌芽于20世纪70年代，标志性事件为1969年美国中西部研究所对可口可乐公司的饮料瓶包装进行全程跟踪，分析其资源消耗和环境影响。随着全球环境问题的暴发和环保主义浪潮的掀起，LCA 的研究不仅受到学术界的重视，也得到多国政府的积极投入和跟进，被纳入各国经济社会发展的规划版图中。国际环境毒理学与化学学会（The Society of Environmental Toxicology and Chemistry，SETAC）于1990年提出"生命周期评价"的概念，欧洲一些国家先后制定了一系列促进 LCA 的政策和法规，如《生态标志计划》《生态管理与审计法规》《包装及包装废物管理准则》，LCA 开始在全球教育、交流、公共政策、科学研究和方法学研究等方面得到广泛应用。1993年，生命周期评价被国际标准化组织正式纳入其体系，生命周期国际评价标准 ISO 14000正式启用。

生命周期评价包括目的与范围的确定、清单分析、影响评价、结果解释四个步骤。目的与范围的确定是指对生命周期评价的意图以及目的进行说明，确定包装产品的研究深度和广度。清单分析是对整个生命周期阶段的数据进行收集计算，以输入包装产品系统的过程。影响评价是根据上一步清单分析输出的数据对环境影响进行评价，转化为具体的影响类型和指标参数，以便人们更清晰地认识包装对环境的影响。结果解释是基于分析和评价阶段获得的信息形成结论、建议和报告，找出包装产品的薄弱环节，有目的、有重点地改进创新，为绿色包装的实施提供科学准确的依据。

生命周期评价的应用

将生命周期评价应用于包装设计，结合各阶段的清单分析和影响评价，既能够在设计阶段与4R1D原则结合，为设计师提供明确的优化方向；也能为政府制定环境保护的战略措施提供可测量的环保性能指标。接下来将对以上两个方面的应用展开论述。

一、设计行为中的应用——4R1D原则的辅助

在生命周期评价中，确保降低环境污染和产品保护功能之间的平衡至关重要。设计师应以生命周期评价方法为辅助，准确地进行绿色包装设计，帮助企业避免盲目地进行包装升级。

例如，包装轻量化设计要优化结构，应先进行生命周期评价，检测优化设计是否在不经意间对包装生命周期的其他阶段造成不利影响，反而降低整体效果。食品或电子产品包装的轻量化就是典型。轻量化食品包装会使产品腐坏或受损的概率增大，腐坏食品有可能与包装一起被丢弃，导致食物浪费，最终反而给环境带来破坏性影响。从整个环境系统看，有时这种破坏会高于原有包装废弃后造成的影响。

考虑可回收材料生产过程中的能源或资源负担同样十分重要。例如铝等一些材料，使用回收材料再加工比起生产新材料有着明显的环保优势。这是由于这类材料回收简单，再造工艺成熟，加工回收材料所消耗的资源远远少于制造新材料。其他材料却有所不同，有的回收材料在加工过程中需要消耗大量的能源；有的材料的回收效率低下，回收成本

高。鉴于这些因素，对上述材料来说，使用的环保效果就不那么明显了。

生命周期评价还能帮助设计人员更好地了解包装设计与可降解材料之间的关系，确保设计人员选择有较好环保特性的包装材料。例如，可口可乐公司正致力于推动新型植物基饮料瓶的使用，那么在新型包装研发初期，研发部门便需要根据生命周期评价方法来明确哪些指标在新包装设计中是最值得关注的，并最终推动公司形成一个可靠的、将可再生资源用于包装的完整模式。

总的来看，生命周期评价可以直观揭示包装设计在生产、使用过程中的优势和缺陷。进行生命周期评价，包装设计师不仅可以量化评估环境成本和循环回收的效益，还能直观地比较新材料和原有材料对环境的影响，以确定设计的确可以获得优化效果。结合生命周期评价方法与绿色包装4R1D原则，能够降低设计中的不确定因素，改善包装性能，延长包装的寿命，这对于绿色包装设计的研究和市场化均有重要的意义。

二、公共政策的应用——绿色包装评价方法与准则

2019年5月，国家市场监督管理总局和中国国家标准化管理委员会发布《绿色包装评价方法与准则》（GB/T 37422—2019），规定了绿色包装的评价准则、评价方法、评价报告内容和格式，将"绿色包装"定义为在包装产品全生命周期中，在满足包装功能要求的前提下，对人体健康和生态环境危害小、资源能源消耗少的包装。在《绿色包装评价方法与准则》中，绿色包装的评价准则下设一级指标和二级指标。一级指标还围绕资源属性、能源属性、环境属性和产品属性进行细分。其规定了等级评定的关键技术要求，给出了基准分值的设置原则：赋予重复使用、实际回收利用率、降解性能等重点指标较高分值。通过优化产品设计，实现减量化、重复使用、可循环、可降解，这些是绿色包装要遵循的基本原则。资源属性与包装材质的种类相关，新国标强调在包装设计和生产过程中要优先选用无毒无害的环保型和单一材质的包装材料；复合包装材料生产要采用易于拆解或分离的加工技术。环境属性方面，新国标要求工业用水重复利用率不小于90%，或不用水，用水量依据 GB/

T 7119进行计算。颁布此标准无疑是在告诉包装企业，在接下来的监管过程中，工业用水重复率或将成为评价包装企业环境影响新的重点。事实上，此前我国就已颁布和实施类似的用水量定额指标，促使造纸企业和包装企业提高设备水平，改进生产工艺技术，积极推广应用先进的节水技术，行业用水效率和回用率得到较大提高。

目前，国家大力推动绿色包装评价、产品的绿色设计、绿色供应链等领域的发展。新国标的实施，对于推动绿色包装评价研究和应用示范、转变包装产业结构、实现包装行业可持续发展具有举足轻重的意义。下一步，国家市场监管总局、国家标准化管理委员会将进一步完善国家标准，为各相关方，特别是民营企业、中小微企业和消费者，参与国家标准制修订工作，营造更加公平公开的标准制修订环境，不断提高国家标准的质量和水平。包装行业企业、科研机构，应当积极参与绿色包装评价标准体系的建设工作，使绿色包装真正做到有据可依，有章可循。设计师个体应当充分了解国家评价准则，使其在绿色包装设计中得到贯彻落实，以推动我国包装行业的可持续发展。

随着环保意识和可持续发展观念的深入人心，人们将越来越重视生命周期评价这一具有整体性特征的环境管理工具。LCA不仅能够用于比较和改进绿色包装设计，还可以帮助包装行业制定相应的规范。在应用范围、评估范围和数据分析等方面，LCA仍然有局限，但随着研究与实践的深入，LCA会不断得到充实和发展，继续助益绿色包装的发展。

课后练习题

1. 使用生命周期评价方法对绿色包装进行评估的作用是什么？
2. 简述生命周期评价方法的主要步骤。
3. 设计师如何将生命周期评价方法应用于绿色包装设计？需要注意哪些细节？
4. 生命周期评价在公共政策上的应用体现在哪几个方面？

绿色包装结构设计

Green Packaging Structure Design

　　绿色包装是我国包装工业发展的必然选择，包装设计师要具备绿色设计的意识，掌握科学的绿色包装设计方法论，设计时要考虑包装的整个生命周期过程，最大限度地保护自然资源，产生最少数量的废弃物和最低程度的环境污染。接下来，本书将带领大家深入了解绿色包装的基础——4R1D原则，帮助读者在4R1D原则的指导下设计合理、适度的包装结构，降低包装的成本，延伸包装的价值，让生态、保护、有机、再生等可持续设计观念在包装行业中落地生根、开花结果。

　　包装的减量化原则（Reduce）要求在满足保护、便捷、销售等功能的前提下，选材、制作和生产环节尽可能减少包装材料的使用。但是，包装的减量化设计除了需要减少包装材料的使用，还需要考虑包装整个生命周期各环节资源与能源消耗的降低。可以这么说，减量化设计思路不但体现在有效地减少资源消耗上，也体现在减少原材料成本、加工制造成本、运输和销售成本，以及包装废弃后的回收处理和再利用成本上。

　　减量化也可以用"less is more"这一简约设计观念来表达，即进行合理的造型简化设计，减少无谓的消耗。从包装造型与结构看，结构的合理与否直接影响包装的材料用量与能耗。包装容量与内装物体积比越大，所需外包装材料及内填充物就越多，不仅浪费资源，还增加运输能耗。例如，在体积相同的情况下，球体的表面积最小，圆柱体其次，长方体再次，圆锥体最大。在考虑现实因素的情况下，合理调整包装外形，最大限度地节约原材料，对于批量生产下的资源节约有重大意义。也可以考虑利用结构力学的知识，提高材料利用率，降低资源使用量。例如，瓦楞纸的受力能力相对较强，因此用该材料设计碗碟、茶杯等易碎品的包装时应尽量用更少的材料完成产品的容纳及保护。包装物掉落或受到冲击时应力状况不同，可以通过设计合理的包装结构来节省以往包装部分的缓冲材料。此外，空间的节省也是减量化的思路之一。运用可折叠结构将包装后期所需空间预先压缩保留，可以提高包装搬运、拆卸过程的便捷度；或是使商品无接缝地并排摆放运输，大幅降低对储运空间的需求和运输能耗，减少尾气排放量，从而取得显著的节能减排实效。最后，产品包装牢固和耐久，可以减少包装产品及包装本身在流通过程中的损耗。

减量化的本质不是去包装，而是去除多余的装饰和无用的细节，将产品所需的包装要素提炼、精简出来，直至使包装与产品高度统一。更多情况下是充分发挥包装必要的功能，减少不同环节下产生的额外包装。所以，实现包装的减量化，就是在减量不减质的情况下，包装材料尽可能少，以保证包装成本的经济性，进一步提高资源与能源的利用率。

包装的可复用原则（Reuse）指产品包装在满足基本功能前提下，通过结构和形态的进一步变化改制成可继续利用的其他产品，如笔架、储物柜、灯罩等实用的日常用品，使包装的生命周期得到延长。在以往的日常体验中，大多数包装在产品取出后总是被迅速丢弃，成为废品，而包装的可重复使用则体现物尽其用、材尽其用的节能观。与此同时，可以结合产品本身的功能性为包装创造新的功能价值，使得包装不仅起保护作用，更成为产品的一部分，或是产品的附加功能，体现产品和包装一体化的设计理念。

在包装的重复利用设计中，设计师根据包装自身的特点，通过对结构的组合设计、材料的巧妙运用，使得包装在完成使用功能之后，还可以通过引导消费者参与甚至加工，成为具有新功能或新形式的其他物品，从而延长包装材料的使用寿命，满足低碳环保的要求，避免包装用毕即弃的宿命。例如，本书"教学实践2"部分的电子产品包装案例中，产品包装使用了线痕转换结构，它利用外部包装上预留的辅助线条，引导消费者对包装进行有效的切割与折叠，使包装结构转变，具备手机支架和纸抽盒的新功能，实现重复利用。巧妙"变身"后的包装得以重复利用，将大大降低包装物加工环节的消耗，同时节约资源、降低成本，减少废旧物品与垃圾处理环节带来的环境负荷。因此，包装能重复使用是有效遏制环境污染和资源浪费的方法。

包装可重复使用涉及从包装的具体部件开始重新设计结构的思路，对技术的要求、设计新思路的要求都非常高。包装的重复使用以较高的耐用性、易清洁性、多功能性等为基础，设计时应当据此考虑包装的结构、强度，确保其能够多次重复利用，延长包装物的生命周期，减少包装物的累积，达到绿色包装的目的。

包装的可回收原则（Recycle）指通过优先选用可回收材料、不使用胶水或尽可能使用绿色环保胶水，提高包装的可回收利用率，最终达到放缓资源消耗速度，减少污染物排放量的目的。包装的回收过程既是包装生命的结束，又是包装生命的开始。由于再生利用是事后加工处理手段，大多数情况下需要追加一定的成本和资源，若包装废弃物的处理方式过于复杂，收集成本过高，会导致回收过程弊大于利，因此，设计阶段就应当考虑包装的回收处理问题，尽量便于日后的加工处理，提高包装成为废弃物后的可利用性。

包装的可回收设计应当考虑易拆卸和易分拣的问题。过于复杂的结构和外形会增加拆卸的操作复杂度，一般来说，标准盒型比异形盒型容易拆卸，标准折叠纸盒又比标准粘贴纸盒容易拆卸，设计拆卸性能良好的包装产品结构，能够简化包装拆卸分拣的工作，提高包装分拣的效率，缩短包装回收处理周期，降低回收的成本，从而提高包装回收率。"一纸成型"便是易于回收的绿色包装结构，其以纸为材料，通过纸张穿插、折叠等方式成型。不同克数的纸承载的产品重量不同，克数大的纸质地硬，适用于提供牢固保护的产品包装；克数小的纸，可以弯曲和折叠，在一定的骨架结构下，柔软的纸质材料则可以增强包装形体的稳定性。可见，纸材的可折叠与可塑造特性为包装的立体造型提供了丰富的灵感，设计师应当综合考虑纸品的柔韧性与包装产品时的稳固性，使包装结构尽量变得易拆分或可拆分。除此之外，包装结构之间的连接方法对可拆卸有重要影响。在包装结构设计过程中，包装部件之间的连接要尽量采用容易拆卸的连接方式，减少使用常规的胶等污染性化工制剂，改用水性黏合剂等无毒、挥发性低的制剂，利用包装材料自身作用力成型，例如根据包装特点设计折叠插槽或榫卯结构等。总之，从源头控制好包装的再生利用率，考虑材料的合理绿色配置，将更有利于包装回收再利用的实现。

包装的可重新填装原则（Refill）指经过专业化整理，使用过的商品包装能够重新、反复装填产品，从而延长产品包装的寿命，减少包装废弃物对生态环境的恶劣影响。设计师应有效设计，选择合理的包装材料，使包装多次重复利用，完成反复装填。

包装重复填装的基本途径便是延伸利用盛装功能。在包装功能再发挥的过程中，通过对包装容器的封装处理，能够避免盛装物品时出现不便于携带或容易泄漏等状况，从而辅助包装实现更有效的再利用。因此，要优先考虑恰当的封装处理。在功能性产品的 Refill 包装中，材料的选择更加注重经济性与保护功能等实用性能。如运动用品羽毛球的包装，注重的是筒形包装的厚壁对内部产品有良好的保护作用，可以长期储存。而常见的红酒包装盒，多采用瓦楞纸板材料，选择的主要依据便是材料的承载能力。目前来看，通过综合考察材料使用过程以及回收方法，简化包装结构，去除重复包装，使包装设计适应多规格、多用途和多次使用的需要，是实现 Refill 原则的主要方式。

包装的可降解原则（Degradable）倡导选用易降解的材料，即材料可以在紫外线、土壤或者微生物的作用下进行自然分解，最终充分还原或分解，以无污染的形式重归大自然。包装材料的不可降解是包装污染的众多问题之一，改变材料滥用、误用的现象，需要充分了解各种材料的性能，针对产品特性有的放矢，选择环保的、绿色的包装材料，进行合理包装。

目前，降解的主要方式是光降解、生物降解、热氧降解、水降解，容易降解的材料包括纸制品材料（纸张、纸板、纸浆模塑材料）、生物合成材料（草、麦秆、贝壳、天然纤维填充材料）及可食性材料。可降解的材料从自然中来，到自然中去，不污染环境，废弃物的处理也不增加能耗，应用前景很好。

尽管材料对于可降解包装的设计起着至关重要的作用，但选择包装材料时绝不能只看材料本身是否可降解，而不管材料从生产到回收的全生命周期各环节对环境造成的影响。不少人简单地将用可降解材料制成的包装视为绿色包装，而忽视了这些包装在生产过程中产生的环境污染和资源浪费、包装结构本身的再利用问题等。因此，设计师在进行可降解包装设计时应对于不同材料的环保性能进行全方位的比较，从材料加工的能源消耗、材料的持续使用性、资源的再生性、加工及使用的污染度，以及加工成本等多方面进行综合考虑。

总的来看，依据4R1D理念进行绿色包装设计主要是"再设计"

（Redesign）的过程，也就是用"以人为本"的原则对存在污染浪费的传统包装进行材料优化和结构优化。没有绝对意义上的垃圾，打破人们旧有的认知，在人们习以为常的传统包装上进行创新，可以获得新的绿色消费体验。以4R1D原则为基础，引导绿色包装设计的发展，既是时代的必然趋势，也是绿色包装发展的迫切需求。

课后练习题

1. 如何理解绿色包装4R1D原则的内涵？
2. 如何理解4R1D原则对于绿色包装设计的必要性？
3. 举例说明设计师如何将4R1D原则应用于绿色包装设计。
4. 除了4R1D原则，从事绿色包装设计还有哪些需要注意的地方？

Reduce（减量化）

在保障包装功能的前提下，通过改良包装结构，尽可能减少材料的用量、节约包装空间，控制包装生产成本，可以减少包装废弃物量，从源头出发降低资源浪费率。包装设计应遵循适度原则，此为发展无害包装的首选措施。本节内容意在传达减量化理念，引发对于简化包装的思考。

教学实践

REDUCE
包装"瘦身"

1

REDUCE

罐装啤酒包装 | Canned Beer Packaging

　　这款包装将整体分成四个可容纳产品的部分，这种结构的包装不仅可以当商场的展示架，让里面的商品的内容最大限度呈现给消费者，同时也便于手提带走，省去了其他包装袋的使用。当和朋友一起分享啤酒的时候，也很方便拿取。这款包装在设计上通过一纸成型的方式设计，一定程度节省了生产成本，减少过程中的污染。

结构特点	一纸成型
注意事项	尽量选择厚的纸
适用范围	罐装啤酒、可乐
材料选择	环保牛皮纸、瓦楞纸

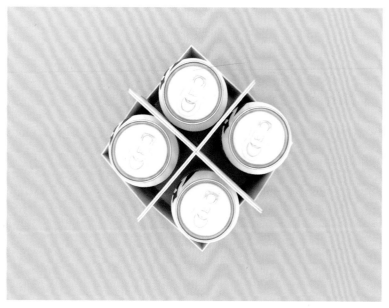

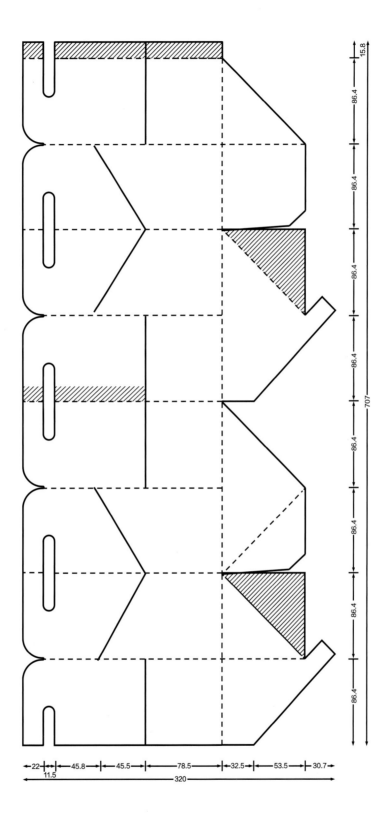

REDUCE

玻璃杯包装 I Glass Packaging

　　这款结构巧妙的玻璃容器包装通过切割卡口的方式，在杯口的位置切割出圆环，将玻璃杯稳稳地固定住，其具有很好的保护功能，结构美观巧妙又有很好的包装功能。一纸成型的方式减少了包装的用料，节约成本。这款包装的整体结构表现出绿色环保的可持续发展理念，体现了适度包装的理念和内涵。

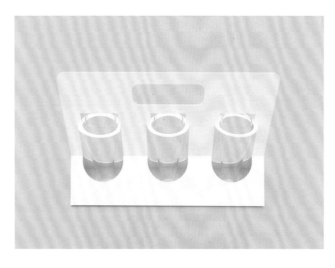

结构特点	一纸成型
注意事项	尽量选择厚的纸
适用范围	玻璃杯
材料选择	环保牛皮纸、瓦楞纸等

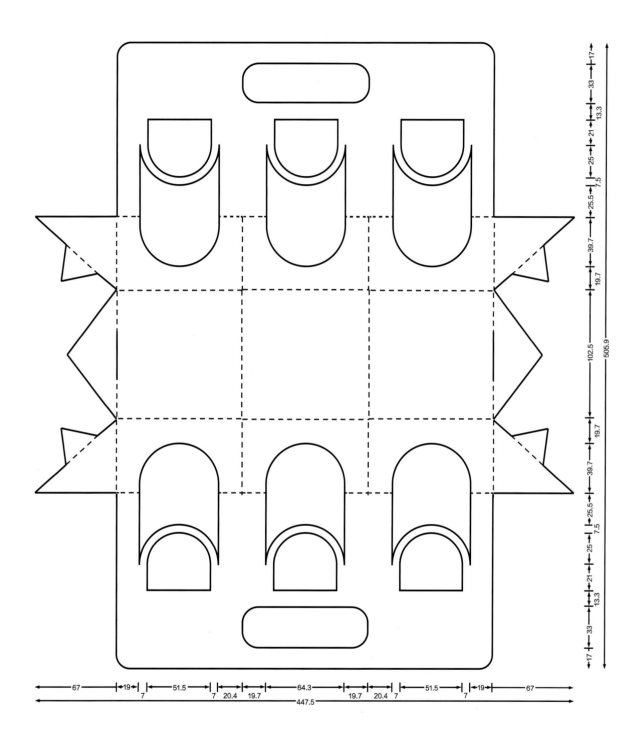

备注：图中双杠无箭头为较小距离标注形式，制作时与其余尺寸形式无异。

REDUCE

发卡包装 **ǀ** Hairpin Packaging

　　这款发卡的包装在设计上结合了传统盘发发髻的形象，采用卡扣结构，无须使用胶水，一定程度上减少了材料的浪费，节约了生产成本。此种形式的包装不仅在商场展示中更具有吸引力，同时也方便在家中收纳相应的发卡。整个包装的结构设计简单而有趣，在兼顾功能性与美观性的同时也保证了材料的节省，体现了绿色环保的理念。

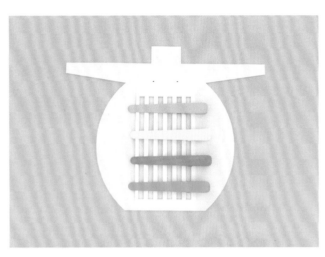

结构特点　**卡扣结构**

注意事项　**无**

适用范围　**发卡等**

材料选择　**环保牛皮纸等**

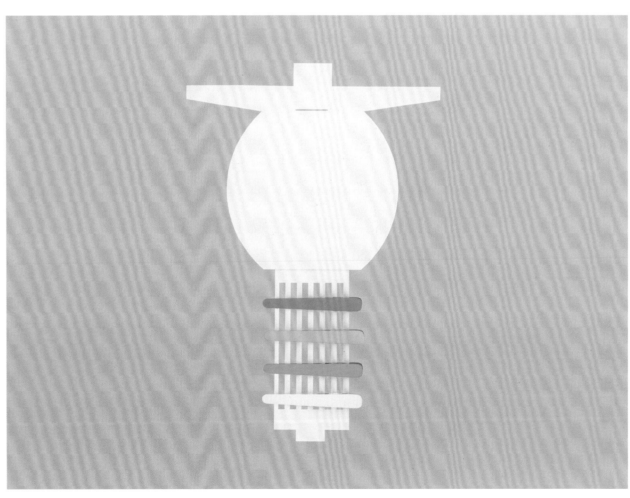

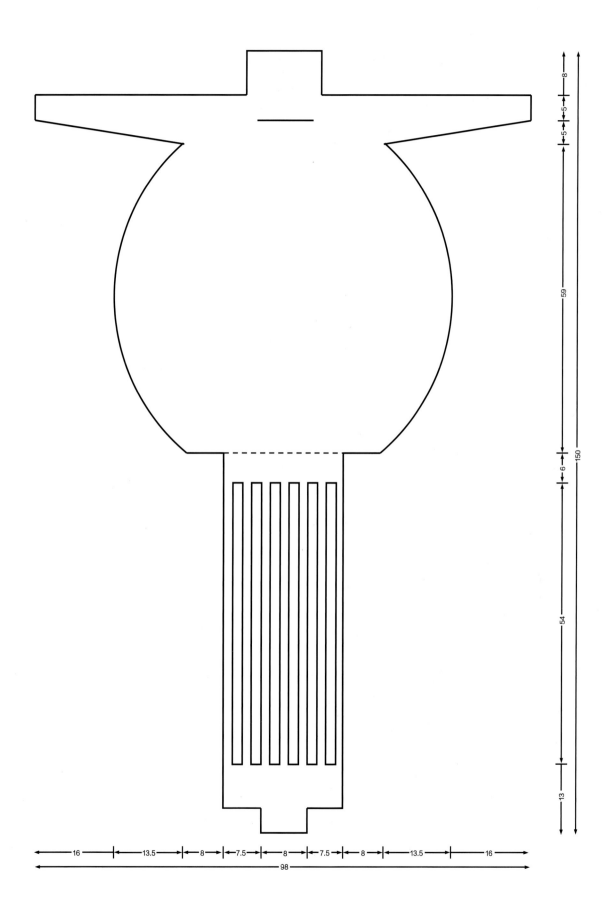

REDUCE

颜料包装 | Pigment Packaging

　　这款颜料包装不同于以往单一的包装方式，其采用一片式的折叠结构，利用穿插的形式将颜料固定在其中，起到了很好的保护作用，具有稳定性。与传统的颜料包装相比，它既减轻了包装自身的重量，节约了材料，避免材料丢弃浪费，同时也便于消费者随身携带。

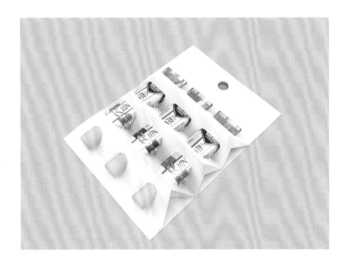

结构特点　穿插结构

注意事项　无

适用范围　颜料等管状产品

材料选择　再生纸

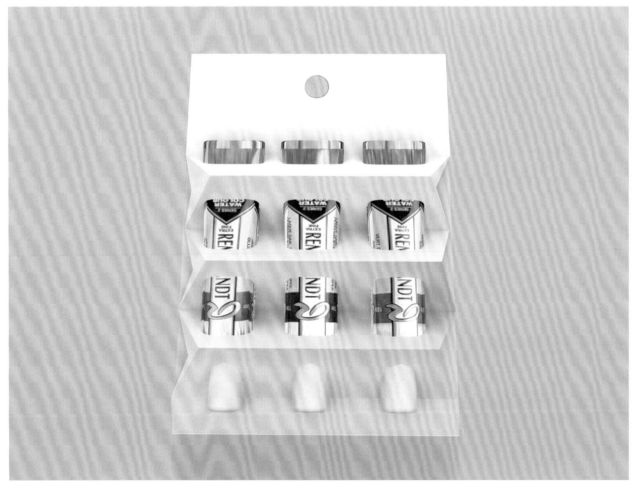

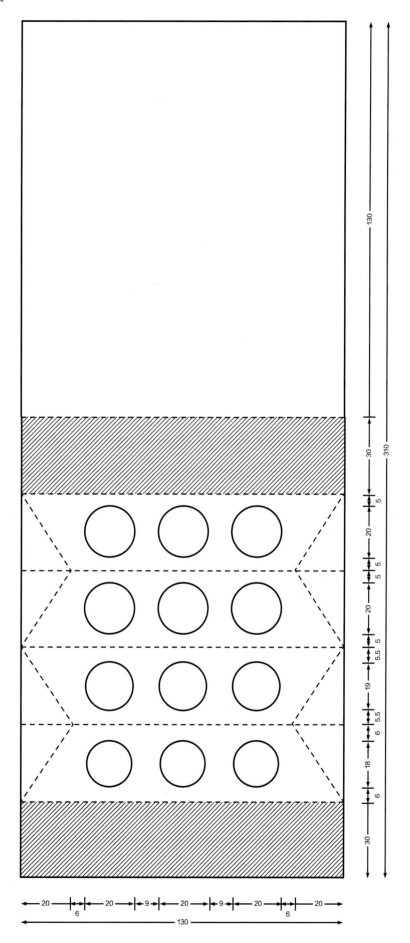

REDUCE

彩色铅笔包装 ┃ Color Pencil Packaging

在日常的文具用品收纳过程中，数量多的铅笔往往造成收纳的麻烦。这款彩色铅笔包装巧妙地利用了穿插结构，打开时彩色铅笔能够像画架一样立在桌面上，极大地方便了使用者拿取铅笔的过程，同时能够一定程度保证桌面的整洁干净。相较于传统的彩色铅笔包装，这款包装还减少了材料的使用，避免了浪费，环保卡纸的选择也倡导了绿色环保的设计理念。

结构特点	穿插结构
注意事项	无
适用范围	笔类办公用具等
材料选择	环保卡纸

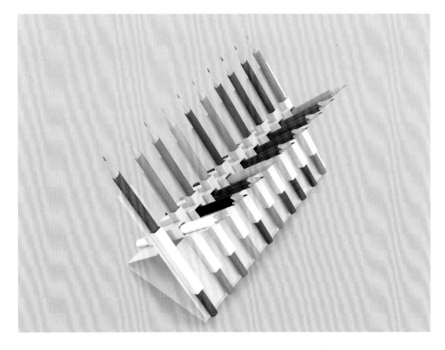

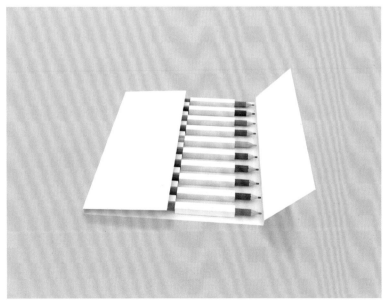

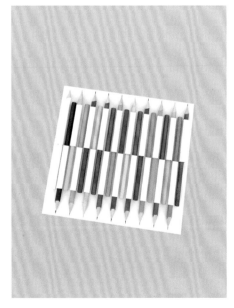

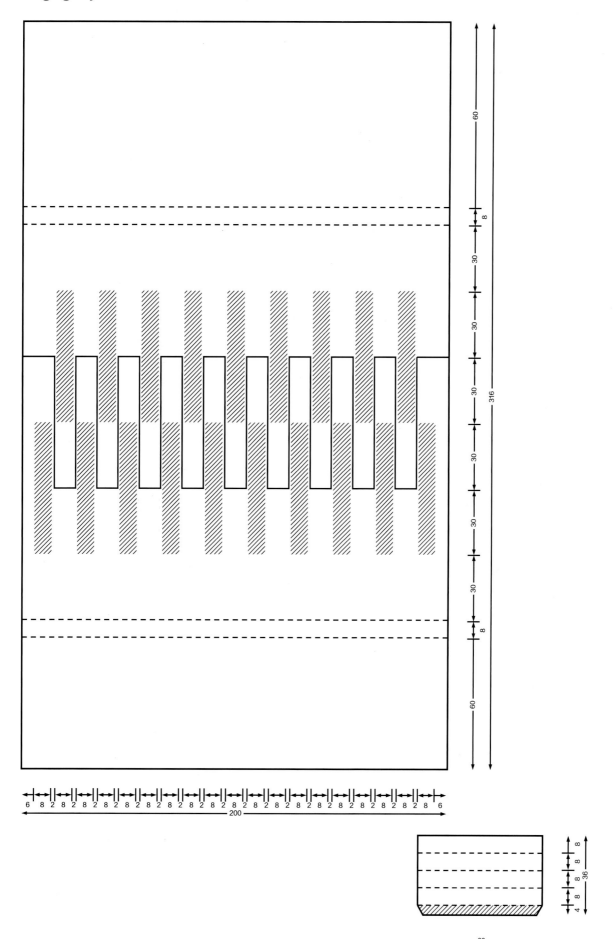

REDUCE

羽毛球包装 **|** Badminton Packaging

传统羽毛球的包装采用的是塑料圆筒的形式，将羽毛球叠放进内部，但在拿取羽毛球的时候经常因为手够不到里面而造成拿取的困难，而该款羽毛球的包装选用硬度合适的环保卡纸结合可伸缩的结构，在节省空间的同时又方便使用者拿取羽毛球。它采用不同于传统羽毛球包装的结构，一定程度减少了包装的用料，节约了材料，保护环境。

结构特点	伸缩结构
注意事项	无
适用范围	羽毛球等
材料选择	环保卡纸

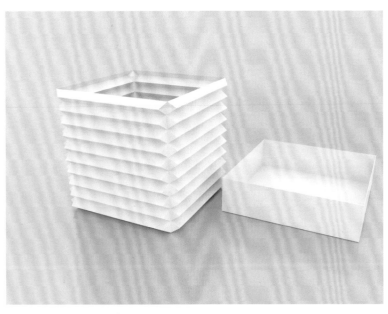

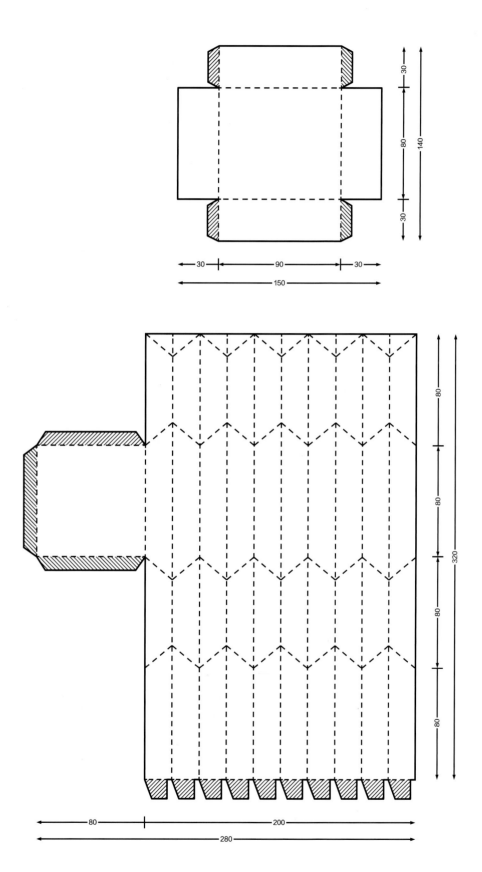

REDUCE

香水包装 I Perfume Packaging

　　这款香水的包装在设计上采用了六边形盒形结构，内部以穿插结构将香水卡在中间，裁切与镂空的部分是这款包装的巧妙之处，其既能牢固地固定住香水，同时又具有结构的美感，契合了香水包装的精致与高端。这款包装省去了传统香水包装的大量减震保护材料，仅用纸结构起到完整的保护作用，节省了包装用料，从而减少环境污染。

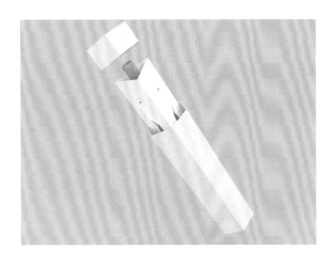

结构特点	穿插结构
注意事项	无
适用范围	香水
材料选择	环保卡纸

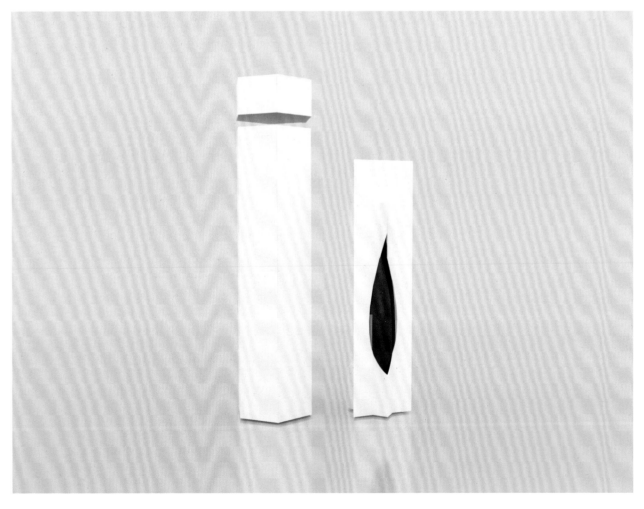

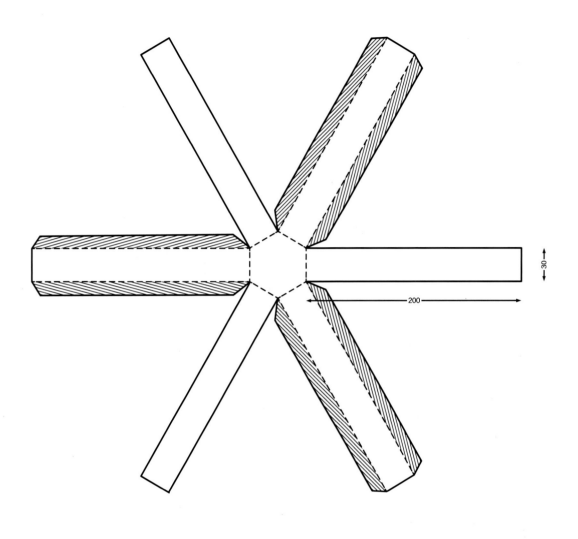

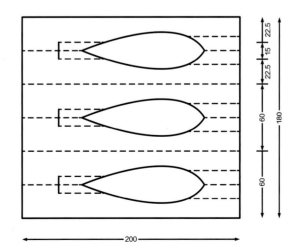

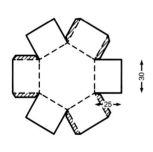

REDUCE

网球包装 ❘ Tennis Packaging

　　市面上网球通常采用塑料圆筒或者真空复合材料进行包装，而这款网球的包装则使用环保卡纸，利用卡扣结构一纸成型，将网球安全固定在内部，具有结构的安全性与巧妙性。同时这款包装全程无胶，安全环保，便于使用后的回收再利用。其在减少材料的同时也大大减少了给环境造成的负担，具有绿色环保性与较好的功能性。

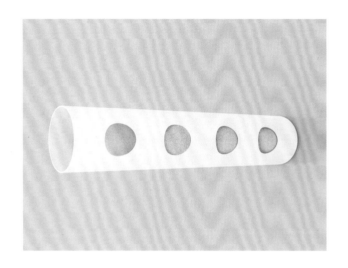

结构特点 一纸成型、卡扣结构、无胶结构

注意事项 尺寸须精确

适用范围 网球等

材料选择 环保卡纸

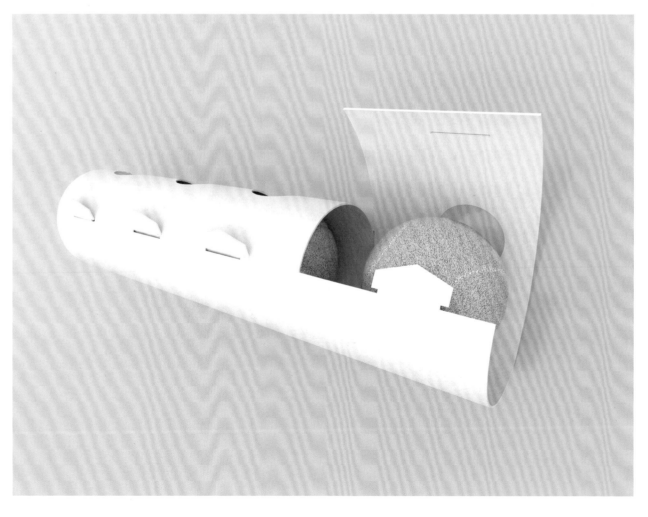

包装展开图
Packaging Layout

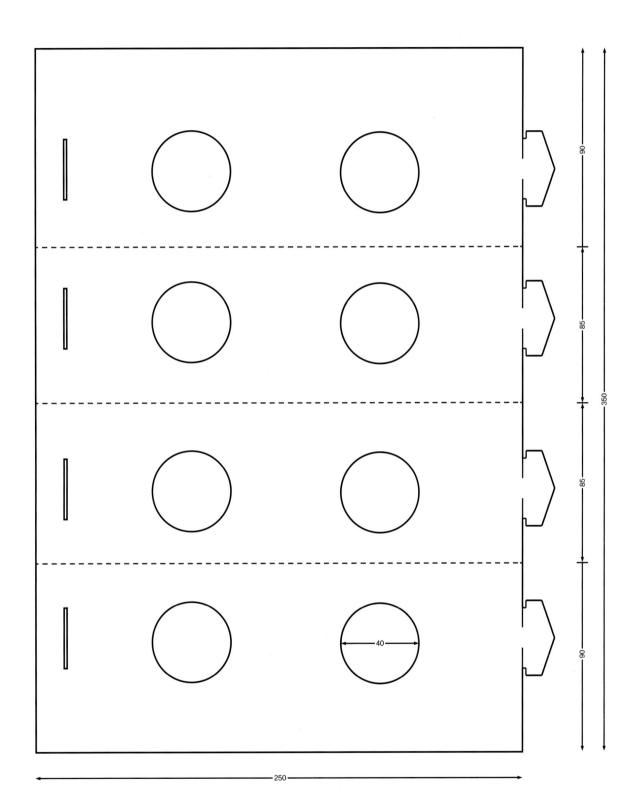

REDUCE

牛油果包装 ┃ Avocado Packaging

这款牛油果包装采用较硬的环保用纸，通过折叠切割的方式搭建出精巧的保护性包装结构，既将牛油果固定在其中又兼具观赏性，因仅仅使用环保纸而减少了其他传统保护材料，大大减少了材料的浪费。可安全降解的环保用纸传达了天然、绿色的环保概念，也让人们更加安心地使用这款包装，减少环境的污染。

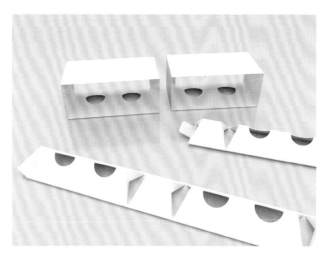

结构特点　一纸成型

注意事项　尺寸须精确

适用范围　牛油果、鸡蛋等

材料选择　环保卡纸

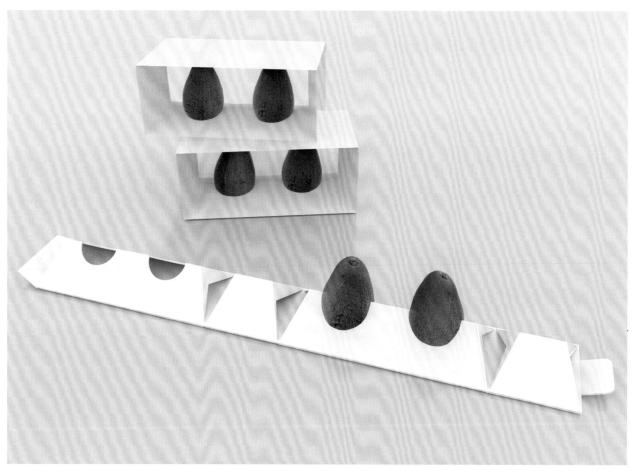

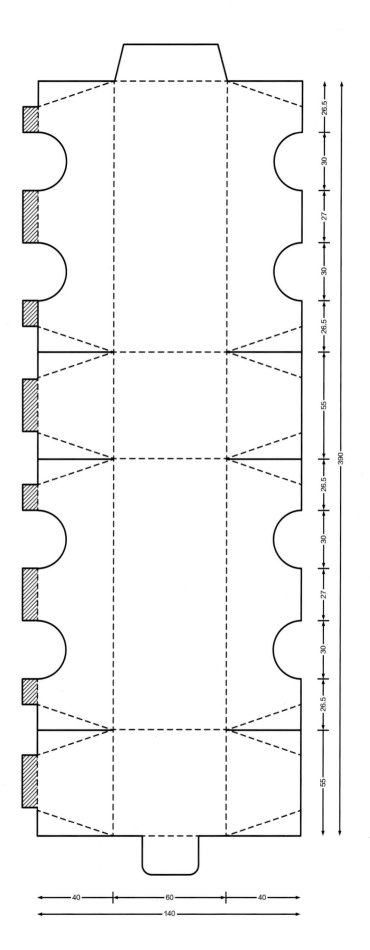

REDUCE

玻璃罐包装 ┃ Glass Jar Packaging

　　这款玻璃罐的包装采用穿插卡扣的形式，包装的四边均为空心减震结构，可以大大地提高该包装的安全性。包装借鉴了榫卯结构的特点，具有相对的稳定性，侧面的镂空结构可使内部的商品得以展示，兼具功能性与美观性；且包装不需要胶水，安全并且可回收。该包装整体传达了天然、绿色的环保概念，让人们更加安心地使用这款包装。

结构特点	穿插结构、无胶结构
注意事项	镂空大小可以根据瓶体大小设计
适用范围	玻璃罐等
材料选择	环保卡纸

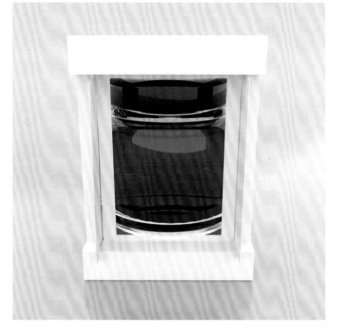

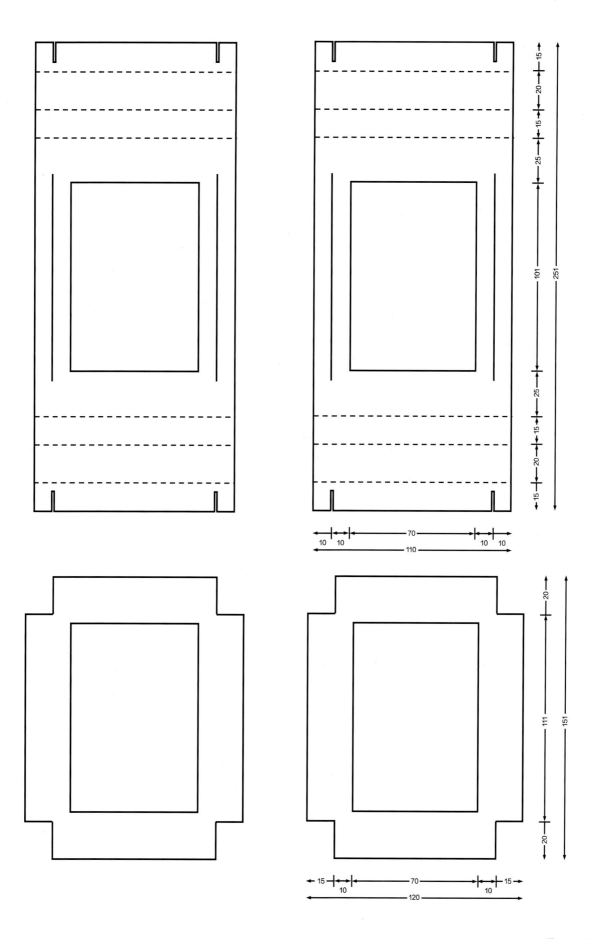

REDUCE

餐具包装 ┃ Tableware Packaging

　　这款餐具包装采用一纸成型的结构，无须用胶水黏合，向消费者传达了绿色无毒无污染的理念。同时该包装最大限度地利用了空间，减少了对环境的压力。该包装在结构设计上减少了生产环节的浪费，安全环保，便于使用后回收再利用，是兼具环保性和功能性的创意包装。

结构特点	一纸成型、无胶结构
注意事项	承载物不宜过重
适用范围	组合餐具等
材料选择	环保牛皮纸等

餐具包装 ┃ Tableware Packaging

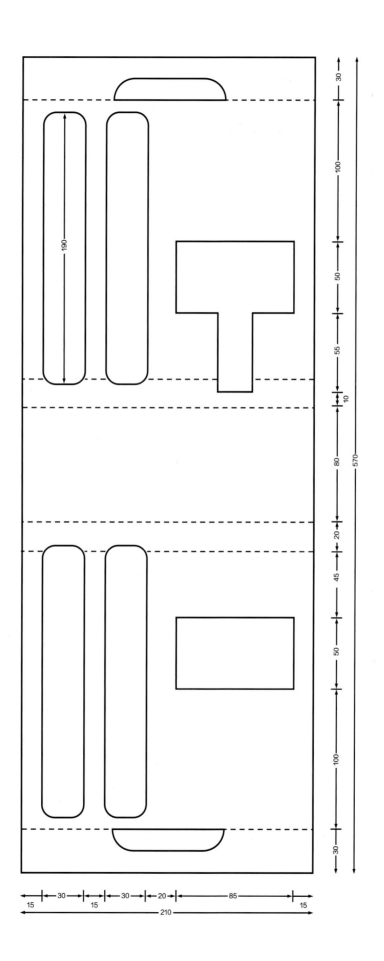

REDUCE

瓷碗包装 | Porcelain Bowl Packaging

　　这款瓷碗的包装借鉴了榫卯结构的特点，能够将产品稳稳地卡住，具有很好的保护作用，同时也提升了包装的承重能力。通过利用侧面的穿插结构，节省了包装占用的空间，相较于传统的减震包装结构，一定程度上减少了包装材料的使用，减少浪费，并且使结构更加精巧而美观。

结构特点	穿插结构、无胶结构
注意事项	无
适用范围	茶杯或碗
材料选择	环保牛皮纸、环保卡纸

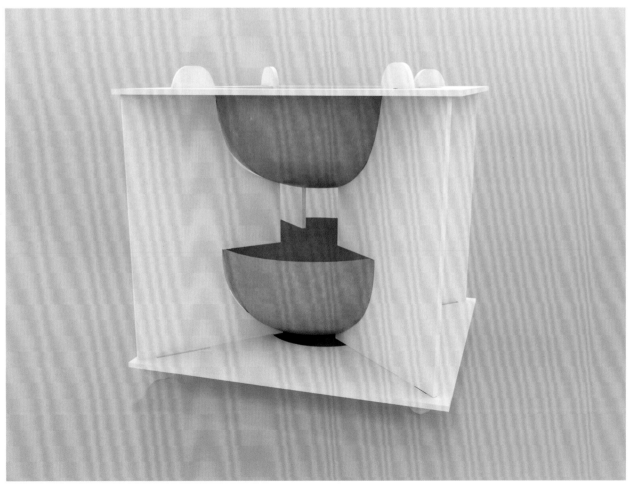

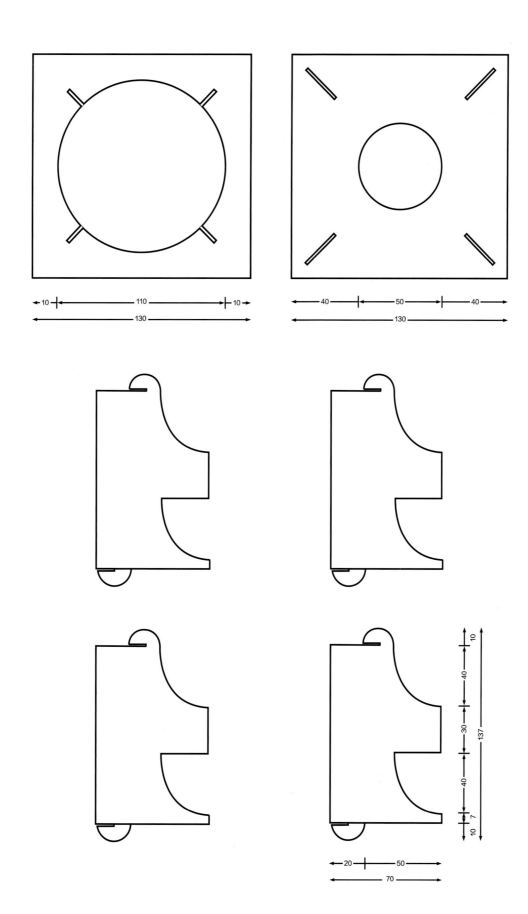

REDUCE

杯子包装 **I** Cup Packaging

　　这款杯子包装是无胶的，利用两个半圆形的卡片扣住包装。其侧面的结构可以插入杯口，起到固定杯子的作用，并巧妙地利用了纸张，减少了浪费，从而减少了对环境的污染。这款包装相对于传统的杯子包装，增加了容量，充分利用了材料，可以容纳三个同样型号的马克杯。这样的包装充分体现了环保节能的理念，也给消费者传达了简单节约的理念。

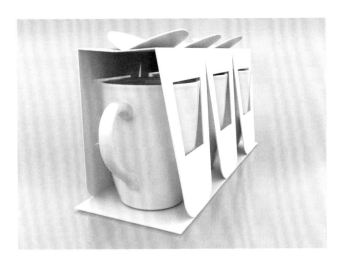

结构特点	一纸成型、卡扣结构、无胶结构
注意事项	无
适用范围	马克杯
材料选择	环保牛皮纸、环保卡纸

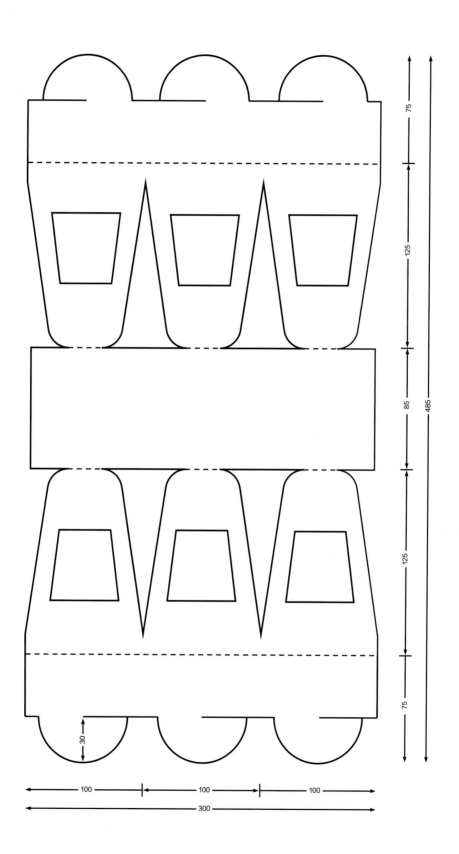

REDUCE

灯泡包装 I Bulb Packaging

　　这是一款简洁的灯泡包装设计，其采用开窗的处理方式将产品卡住，牢固安全，具有较好的美观性和功能性。包装整体采用绿色环保的包装材料，造型简单，大大降低了生产过程中的浪费，减少了对环境的污染，包装的整个生命周期都符合可持续发展的生态环境保护的要求。

结构特点 一纸成型、卡扣结构、无胶结构

注意事项 结构穿插处的尺寸要精准

适用范围 灯泡、水晶球等

材料选择 环保卡纸

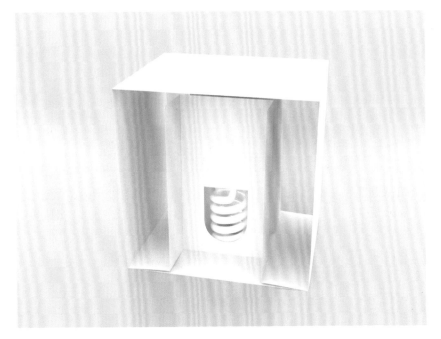

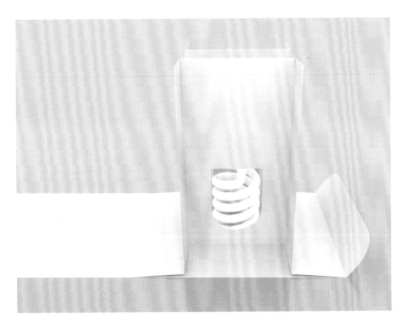

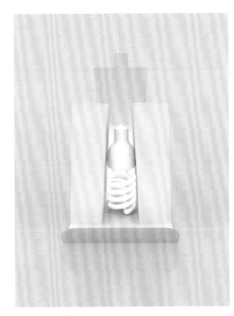

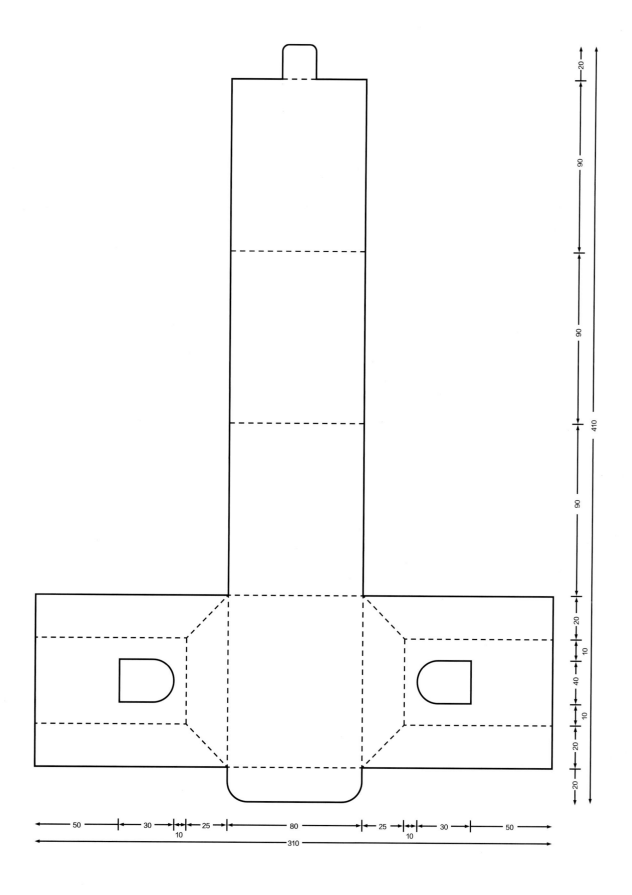

REDUCE

电线包装 | Electric Wire Packaging

这款包装结构简单而巧妙，通过切割与简单弯折就可成为电线的包装，同时切割的造型使得该包装在使用后可将其撕成条状进行再次使用，具有较好的实用性。包装整体结构不使用胶水，真正体现了简洁方便、绿色环保的设计特点，符合生态环境保护的要求。

结构特点 一纸成型、卡扣结构、无胶结构

注意事项 无

适用范围 电线、麻绳等

材料选择 环保卡纸

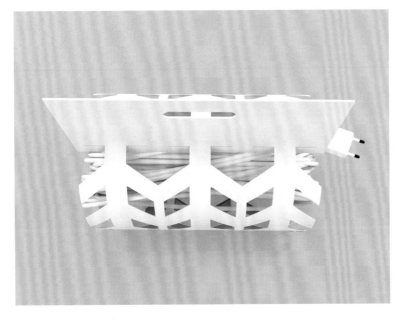

电线包装 | Electric Wire Packaging

052|

REDUCE

沙漏包装 I Hourglass Packaging

　　这是一款结构巧妙的沙漏饰品包装，其采用了一纸成型的方式，极大地减少了包装过程中材料的浪费。包装采用旋转的创意形式，将沙漏稳稳地固定在其中，扭转的四边可起到一定的缓冲保护作用，当取出沙漏时，可将四边扭转回正常状态，这一过程提升了使用者在使用过程中的趣味体验。可以说，这是一款兼具趣味性、创意性与交互体验的绿色环保包装。

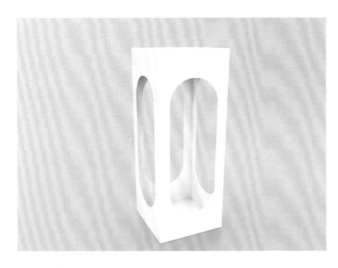

结构特点　一纸成型、旋转结构

注意事项　建议沿折痕折好后再进行粘接

适用范围　沙漏、灯泡等

材料选择　环保卡纸等

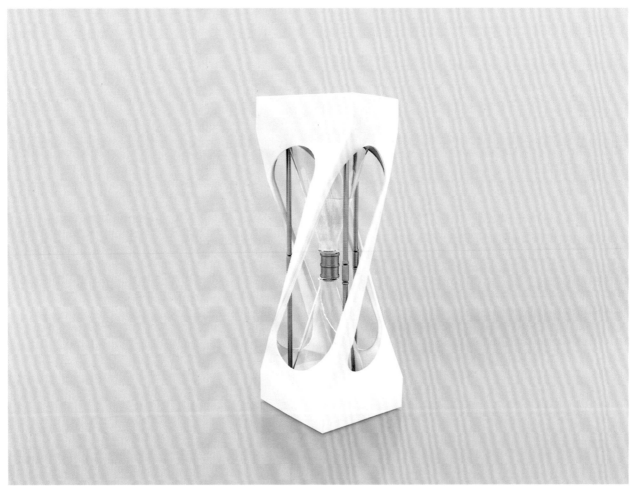

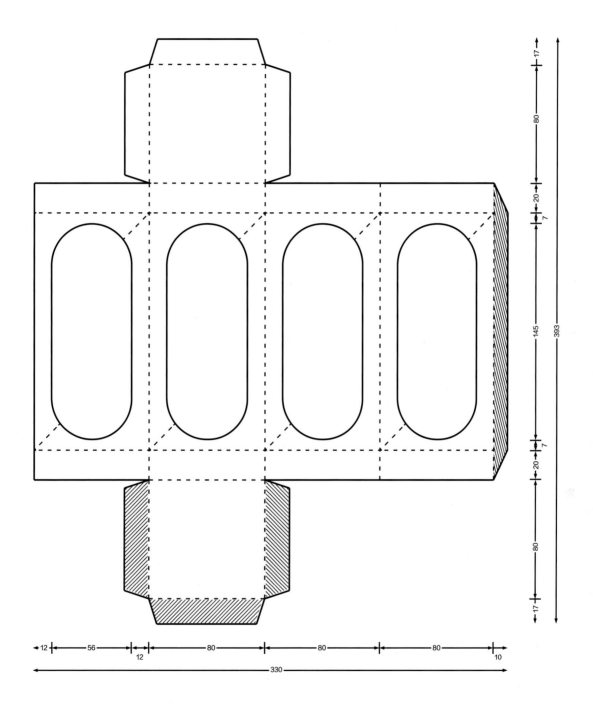

REDUCE

茶杯包装 I Teacup Packaging

　　这款茶杯包装采用一纸成型的结构，将茶杯稳稳置于内部，能够保护茶杯不因外力而破损，同时通过包装结构设计，减少了材料的用量。该包装使用极少量胶水进行黏合，便于安全回收利用，体现了节约型包装的可持续绿色设计理念。

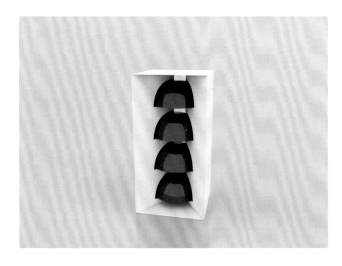

结构特点	一纸成型、卡扣结构
注意事项	无
适用范围	茶杯、碗具等
材料选择	瓦楞纸等

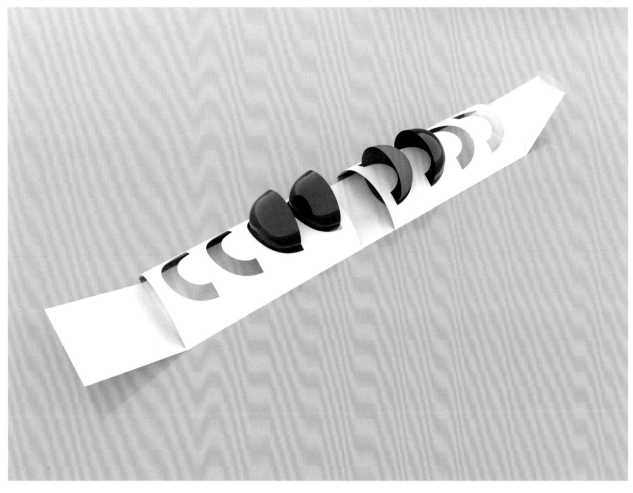

包装展开图
Packaging Layout

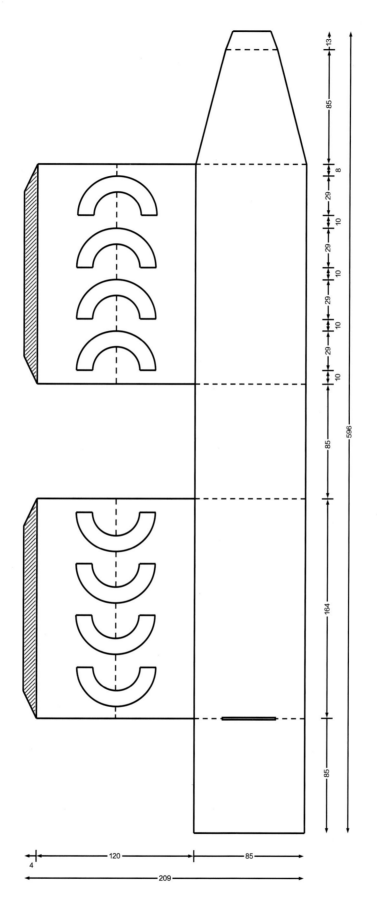

凸 | 057

REDUCE

玻璃杯包装 ┃ Glass Packaging

　　这款玻璃杯的包装利用巧妙的穿插结构创造出内部的空间，可以很好地保护玻璃杯，且固定性良好。包装使用防水材料，消费者可将包装倒置成为玻璃杯的收纳容器，发挥其沥水的功能，很好地实现了包装功能的延展。该包装本身没有使用胶水，方便回收利用。

结构特点　穿插结构、无胶结构

注意事项　安装避免造成破坏

适用范围　玻璃杯等

材料选择　环保卡纸、瓦楞纸

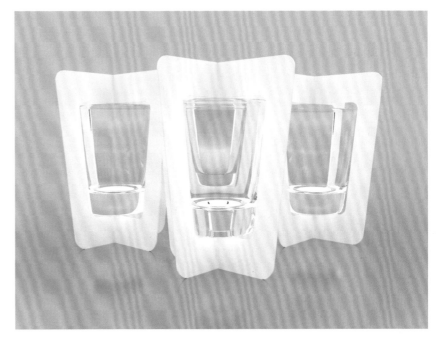

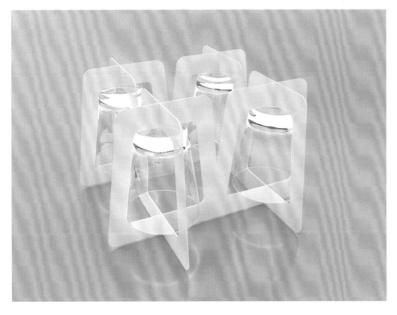

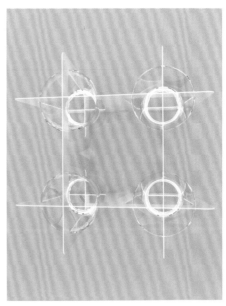

玻璃杯包装 ┃ Glass Packaging

058

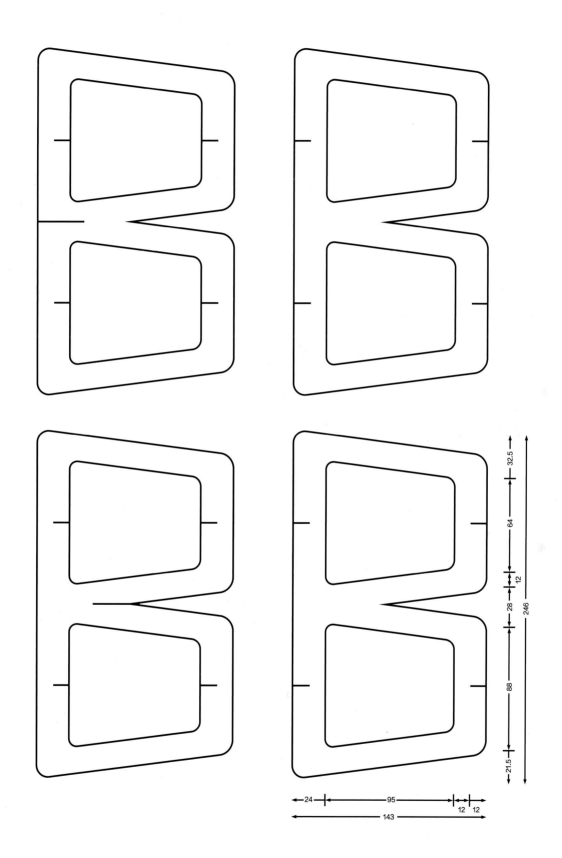

REDUCE

果酱包装 ▎Jam Packaging

　　这是一款果酱的绿色创意包装，其整体结构采用一纸成型方式，可一次盛装三瓶果酱。特别的包装设计使消费者可以直接看到产品，具有很好的直观效果。包装有缓冲间隔，可以很好地避免果酱瓶之间因外力而导致碰撞，且翻盖的结构在一定程度上也延长包装收纳功能的使用周期。该包装本身使用安全无毒的水溶性胶，方便使用后回收利用，且绿色环保。

结构特点	一纸成型、翻盖结构
注意事项	果酱瓶的位置数据必须精确
适用范围	罐装或瓶装产品
材料选择	环保卡纸、瓦楞纸

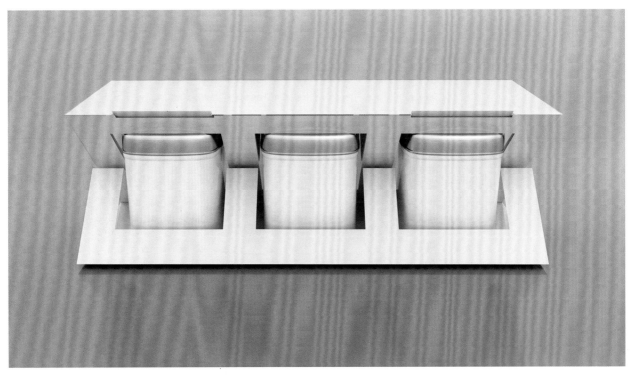

包装展开图
Packaging Layout

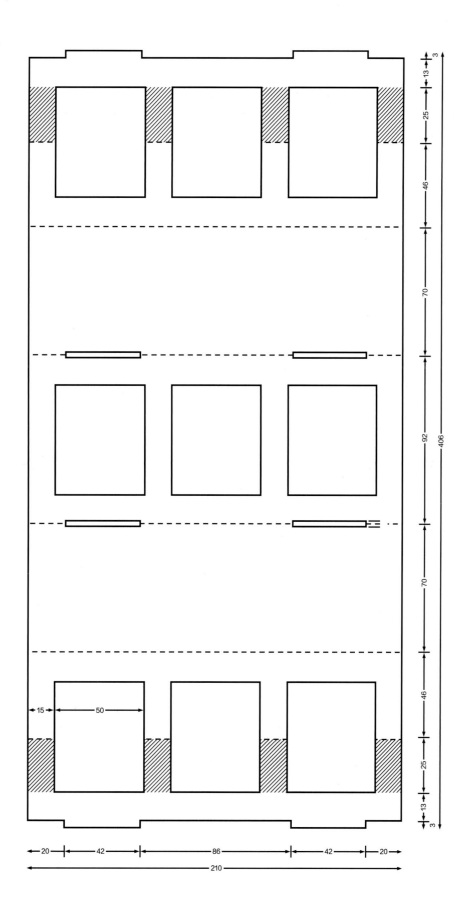

REDUCE

儿童鞋包装 | Children's Shoes Packaging

　　这款儿童鞋盒的包装采用了不同于传统鞋盒将鞋子交错摆放的方式，该包装盒的切面设计出鞋撑部分，减少了不必要的浪费，更加绿色环保。这种设计，不仅能使消费者体验到鞋底的材质，还能保护鞋面不受污染，使消费者更加安心。包装的整体采用一纸成型的方式，无须使用胶水，这也便于包装使用后的回收利用。

结构特点　一纸成型、无胶结构

注意事项　鞋撑部分需要纸的支撑

适用范围　儿童鞋、家居鞋等

材料选择　环保卡纸等

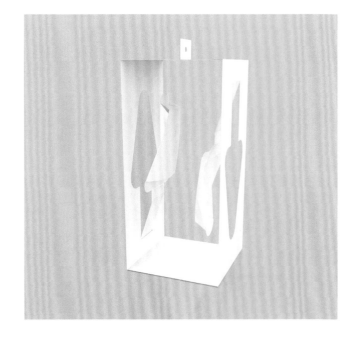

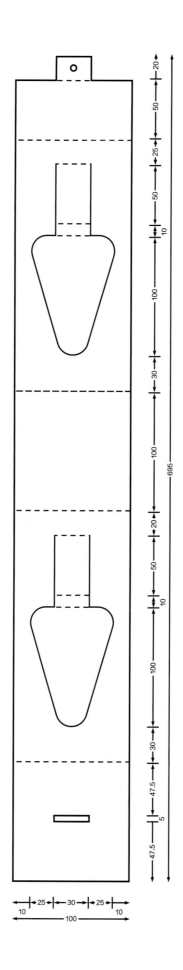

REDUCE

灯泡包装 | Bulb Packaging

　　这款灯泡包装利用简单而巧妙的结构，颇有创意地根据 U 形节能灯泡的造型进行相对应的设计，通过简单的抽离纸片的动作来取出固定状态下的灯泡。包装结构整体呈正六边形，具有较好的视觉审美效果，同时也便于折叠存储，节约空间。包装本身的结构设计使得其用材少于市面上传统的灯泡包装，减少了材料的浪费，体现了适度包装的环保设计理念。

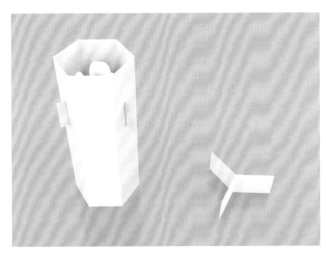

结构特点	一纸成型、穿插结构
注意事项	穿插位置可根据实际情况进行调整
适用范围	U 形灯泡及其他结构相似的产品
材料选择	瓦楞纸等

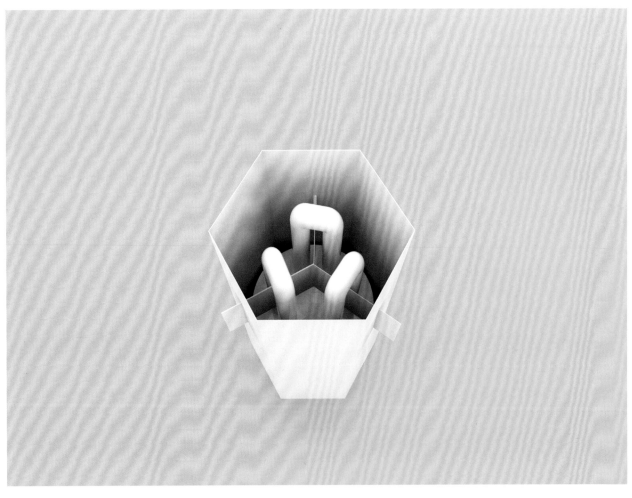

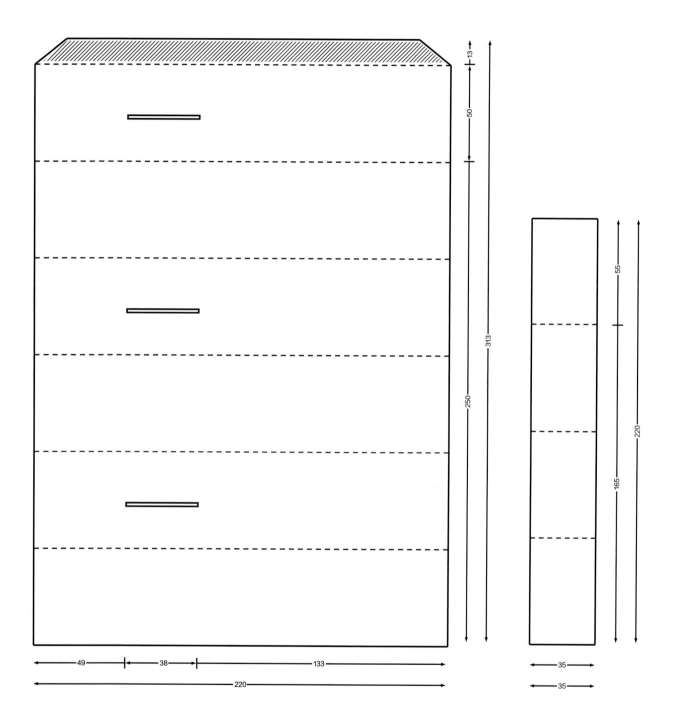

课后练习题

1. 到市场考察、寻找节省包装原材料的包装结构实例。

2. 举例说明包装的结构、储存空间和包装的运输消耗之间的关系。

3. 用 Reduce 的原理，分析一种包装实例并提出改进的方案。

4. 参考本章的玻璃杯包装和瓷碗包装，利用穿插结构设计一款固定性良好的产品包装。

5. 设计并制作一纸成型的盒型结构。

6. 利用卡扣、穿插结构或者开孔穿线等方式设计并制作无胶结构的包装盒型。

Reuse（可复用）

将包装进行更多功能形式的设计，使消费者可以对包装重新利用，发挥包装的次级功能，延长包装的生命周期，最大限度地减少包装废弃物的数量，从而有利于节约资源，减少废弃物。本节内容的目的是帮助大家找到新的思路，赋予包装新的功能，增加包装的功能性和再利用程度。

教学实践

REUSE
包装"变身"

2

REUSE

数据线包装 | Usb Cable Packaging

　　这款手机数据线的包装可直接悬挂于货架上，方便展示。其利用巧妙的结构设计将数据线缠绕在包装上，并在另一侧展示其适配头。消费者将数据线从包装盒上取下后，只需要撕除数据线缠绕的区域，并简单拼装，就可以使之成为一个简单的手机支架，并且有两个高度的调节选择，做到了包装的重复使用，这一特性延长了包装的使用寿命，契合绿色环保的创新理念。

结构特点 无胶结构

注意事项 需要消费者拼接

适用范围 各种长度、型号数据线

材料选择 环保卡纸

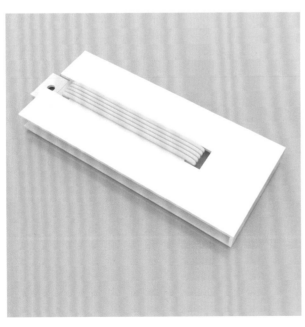

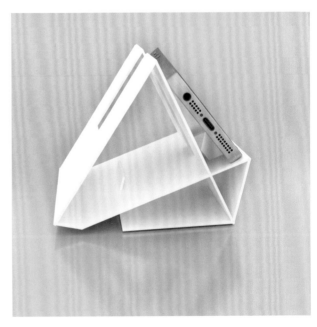

包装展开图
Packaging Layout

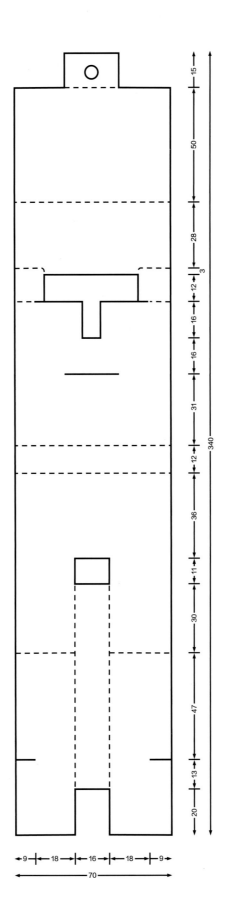

REUSE

化妆刷包装 | Cosmetic Brush Packaging

　　这是一款有不同于往常的化妆刷的创意结构包装。这款包装采用具有较好保护性的环保牛皮纸，包装合起时能够起到保护化妆刷的作用，包装打开时可以将化妆刷固定立在桌面上，方便使用者拿取，一定程度上解决了化妆刷拿取不方便的普遍问题。其在完成包装使命后可继续作为化妆刷架或者笔架使用，做到包装的巧妙"变身"；同时，包装结构需要粘贴的部分全部采用无毒无污染、可安全降解的水溶性胶，是真正做到了绿色环保的包装结构设计。

结构特点	卡扣结构
注意事项	卡扣的尺寸须与产品相符
适用范围	化妆刷、笔等
材料选择	环保牛皮纸

包装展开图
Packaging Layout

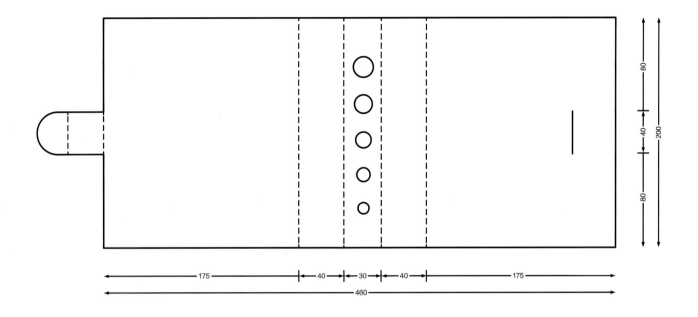

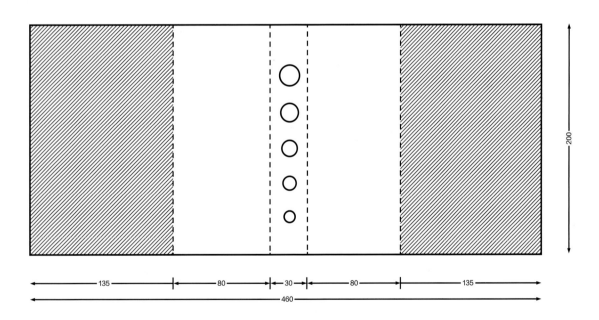

REUSE

多肉植物包装 | Succulent Packaging

　　这款多肉植物的包装整体是梯形纸盒结构，采用安全环保的环保牛皮纸折叠而成，盒体的侧面进行镂空设计，消费者可透过镂空观察内部的产品。结构分为上下两部分，底部是具有一定厚度的梯形纸盒，采用可安全降解的纸材料，可用以盛装多肉植物的土壤部分，多肉植物可以直接栽入土壤，方便使用者移植栽种。在完成包装使命之后，上半部分的纸盒可作为具有镂空效果的灯罩使用，可产生美丽的灯光视觉效果，这一设计使得包装再次变为可用的物品，延长了包装的使用寿命，降低了对环境的污染。

结构特点　天地盖结构

注意事项　注意各组件间的尺寸契合

适用范围　盆栽等

材料选择　环保牛皮纸

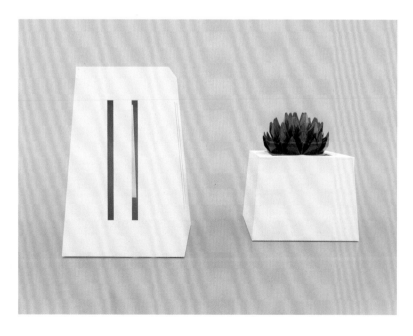

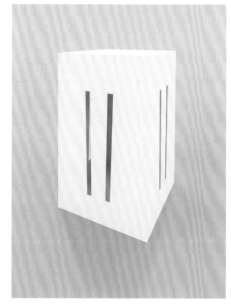

包装展开图
Packaging Layout

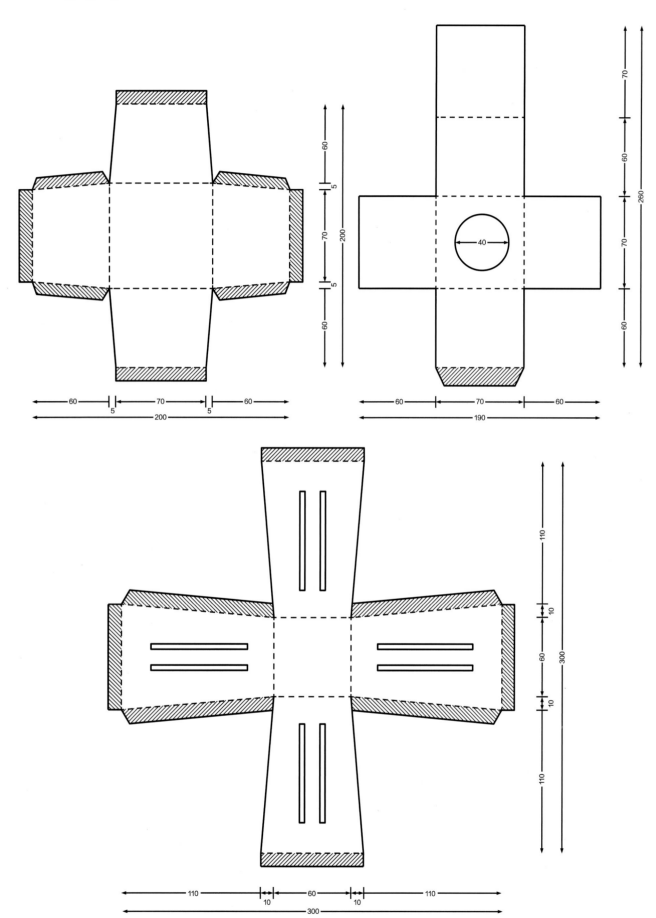

REUSE

红酒包装 Ⅰ Red Wine Packaging

这是一款颇有创意的红酒包装，采用一定硬度的环保压缩木材，通过板块之间的穿插将红酒固定在其中，巧妙地运用了穿插以及完全无胶的结构设计，减少了对环境的污染。该包装在完成对红酒的包装使命之后，将板块拆下重新穿插组合则可变身为酒架或者普通置物架，既是包装也是产品，实现了包装的再利用，延长了包装的使用寿命，增强了包装的环保性能和趣味性。

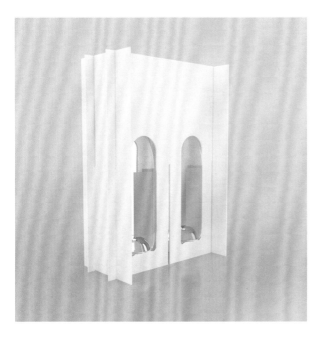

结构特点 穿插结构、无胶结构

注意事项 无

适用范围 红酒等

材料选择 环保压缩木材

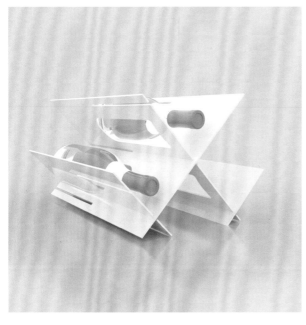

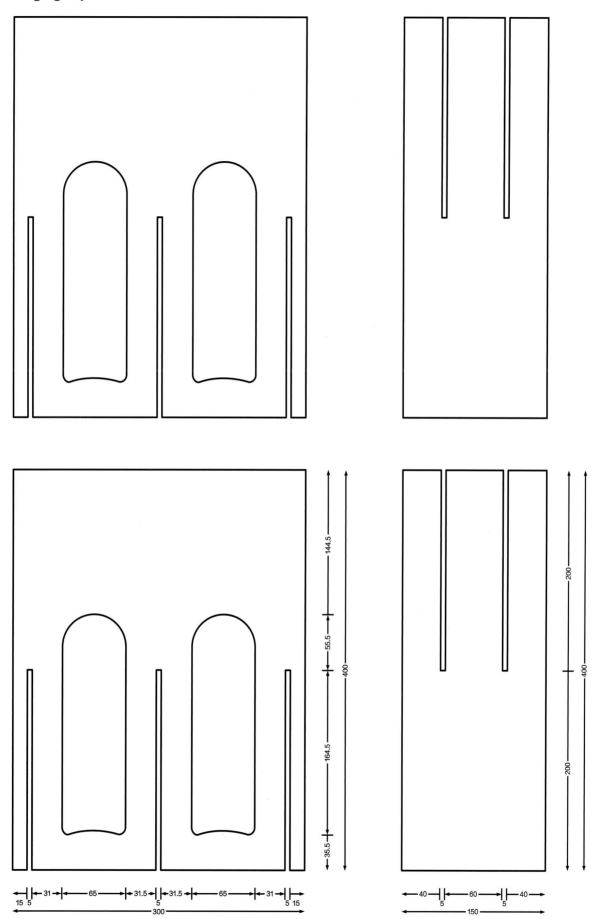

REUSE

日历包装 **|** Calendar Packaging

　　产品包装能美化商品，有利于促销产品。这款日历包装利用巧妙的结构，在实现自身保护商品、便于运输等基本功能的同时，还能够作为支架摆放在桌面上或者置放自己的每日计划表，这种对产品重新使用的设计延长了包装的生命周期，契合了可持续发展理念。

结构特点 插锁式结构

注意事项 日历、便利贴等产品

适用范围 无

材料选择 环保卡纸

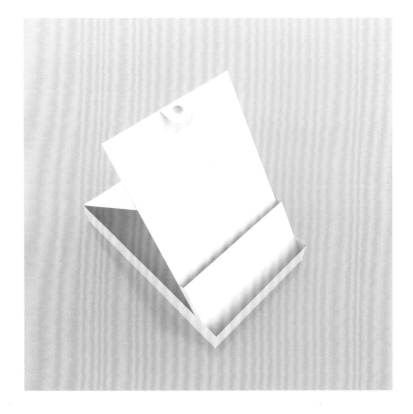

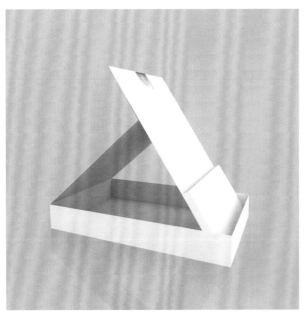

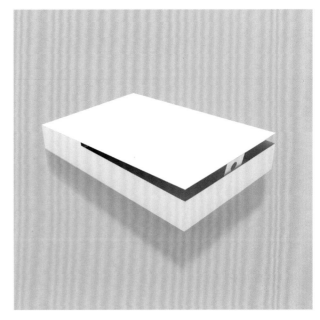

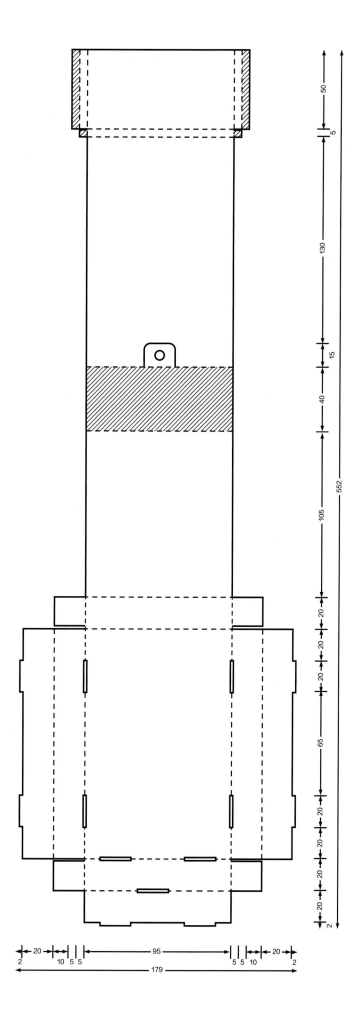

REUSE

电子产品包装 ┃ Electronic Product Packaging

　　这款电子产品的包装不同于常见的传统电子产品包装，通常此类包装在使用后即被丢弃，而这款包装利用巧妙的结构，在完成包装使命后可进行再创造，"变身"为日常用品，例如它可以成为放置纸巾、手机、遥控器等的收纳盒。这一设计大大减少了包装的丢弃浪费，延长了包装的使用寿命，并且绿色环保。

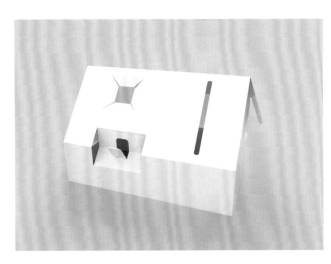

结构特点　摇盖式结构

注意事项　无

适用范围　电子产品

材料选择　环保卡纸

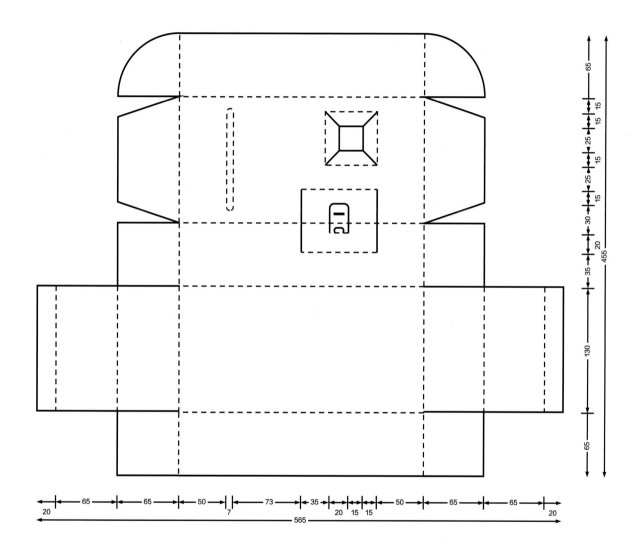

REUSE

衬衫包装 | Shirt Packaging

　　这款新颖的包装可以让顾客在试衬衫时，轻松地将衣服展开。同时，包装结构的巧妙使得该包装可作为衣架悬挂衣物，具有多功能性，一定程度上延长了包装的使用寿命。这种包装设计不仅结构精巧，而且节省了包装材料，减少了对环境的污染。这种包装发展趋势正是我们今天要学习和探讨的。

结构特点 一纸成型、无胶结构

注意事项 无

适用范围 立领衬衫等衣物

材料选择 环保卡纸

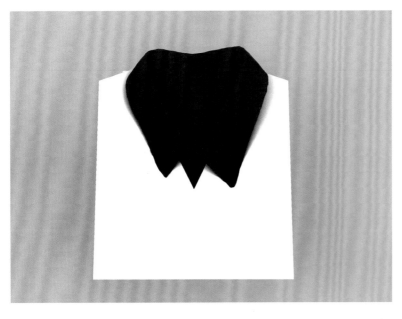

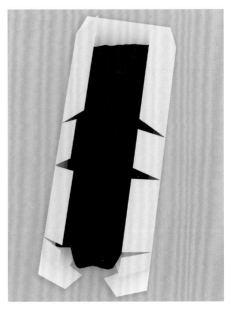

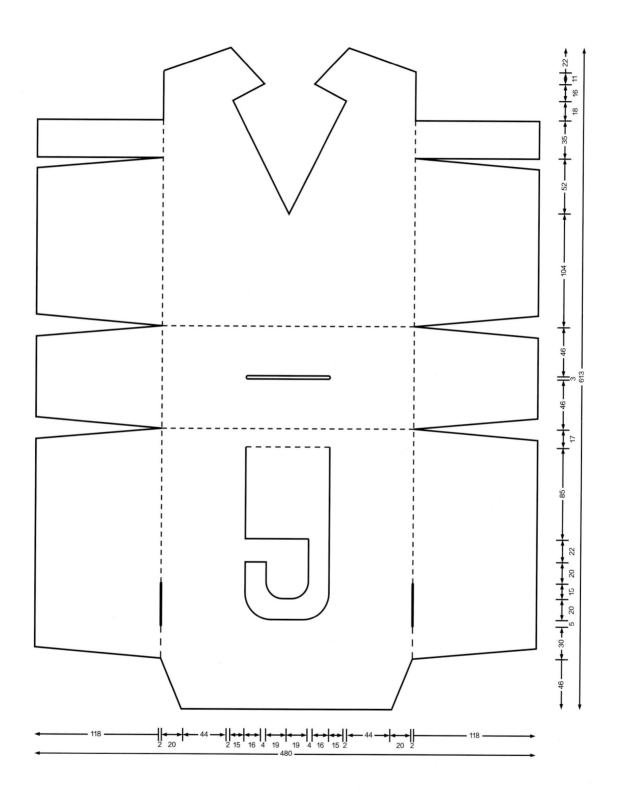

REUSE

糖果包装 I Candy Packaging

　　互动性的趣味包装能够刺激消费者的购买欲望，促进产品的销售。这款糖果包装利用内外分层的结构，达到视觉交错的效果，将人物的形象和糖果巧妙地结合在一起，按压式的拿取方式带给消费者特殊的互动体验，在带给孩子无限的惊喜与趣味性的同时，又巧妙地体现出糖果的特性。

结构特点 天地盖结构

注意事项 无

适用范围 糖果等零食

材料选择 环保卡纸

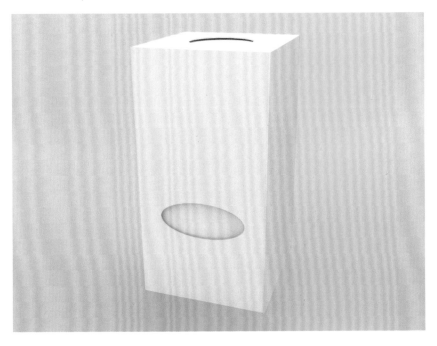

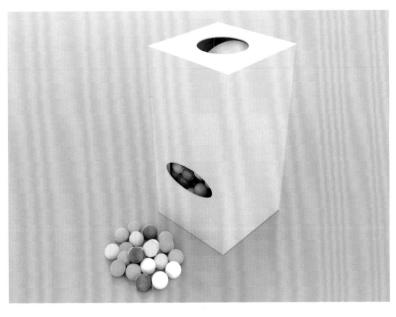

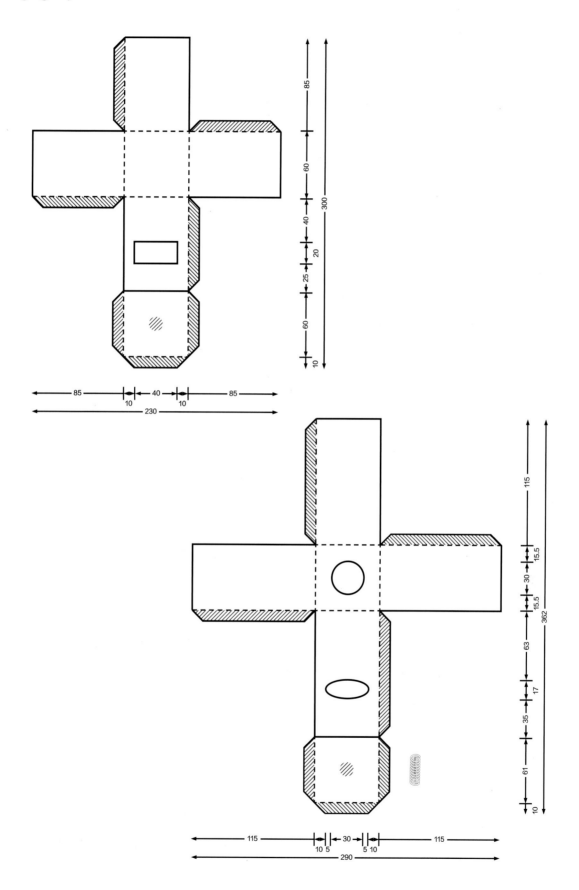

REUSE

咖啡套装包装 | Coffee Set Packaging

　　这款咖啡套装的包装可同时盛装不同口味的咖啡、咖啡伴侣、白砂糖，以及一个咖啡杯，节省了整体的收纳空间。盛装咖啡杯的结构节省了包装占用的空间，且设计的凹槽可将其固定住，保证产品免受损坏，具有较好的保护性。包装整体是一个七巧板的形状，消费者在享用咖啡的同时，又能调动积极性与动手能力，利用包装盒自己拼出创意图形，这样的设计使得包装兼具功能性与趣味性。这款多用的包装延长了包装的使用寿命，减少因包装丢弃产生的浪费，节约资源。

结构特点	复合结构
注意事项	咖啡杯把卡扣的位置数据须精确
适用范围	咖啡套装等
材料选择	环保卡纸、瓦楞纸

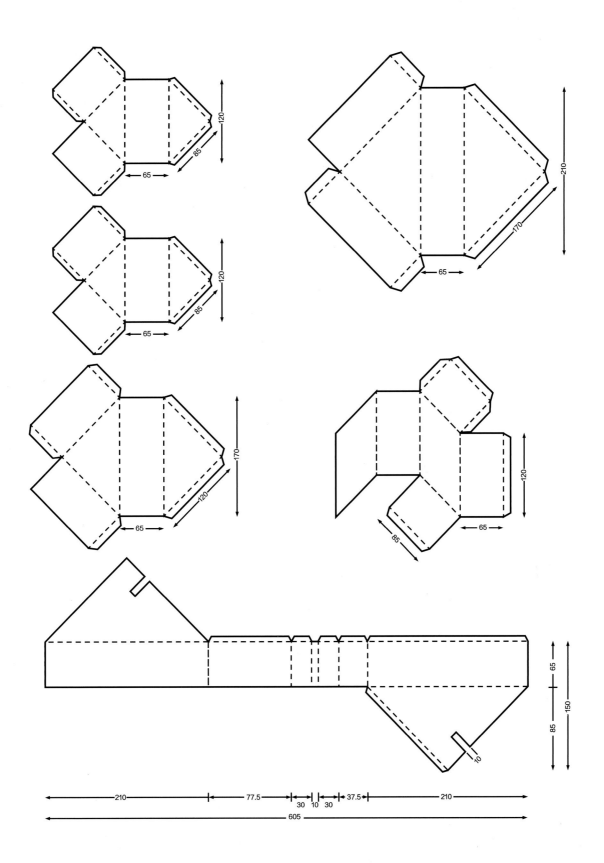

REUSE

奶酪包装 I Cheese Packaging

这款干奶酪包装能够分别存放六个独立的产品，同时又能围合而成一个完整结构，富有创意性与趣味性。该包装使用时可单独拆下其中一个作为早餐，也可以将食物全部食用后留在手上把玩。对于小朋友而言，挖掘包装结构更多的可能性能够激发他们的创造力和想象力。这款包装的结构特性延长了包装的使用寿命，同时其材料使用也具有环保、可安全回收的特性，体现了绿色环保的设计理念。

结构特点	一纸成型
注意事项	展开图侧面正三角形要画准确
适用范围	奶酪、零食等
材料选择	环保卡纸、环保牛皮纸等

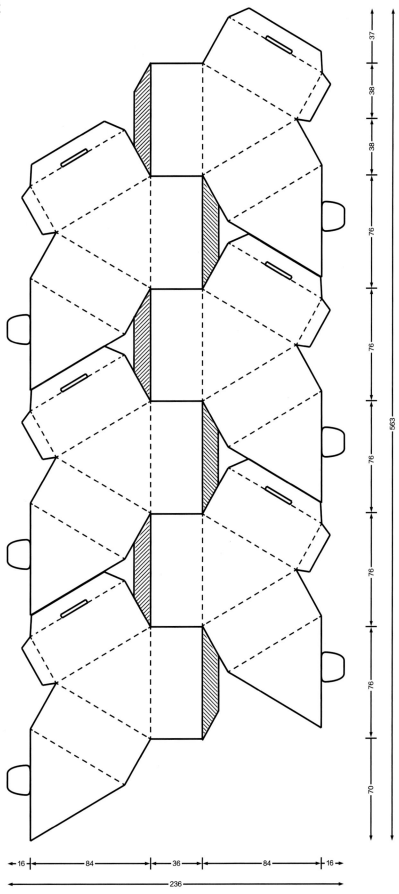

REUSE

针管笔包装 | Needle Pen Packaging

　　这款针管笔包装进行了结构创新，便携的手提形态在购买和外出过程中都一定程度地减少了使用者的麻烦；巧妙的结构设计使得包装在相应的变形之后可立起作为笔架使用，延长了生命周期，同时也节省了额外的购买笔盒的费用和资源，是符合生命周期评价理念的绿色创新结构设计。

结构特点	一纸成型
注意事项	容纳量可根据需要调整
适用范围	针管笔、画笔等文具
材料选择	环保卡纸、环保牛皮纸等

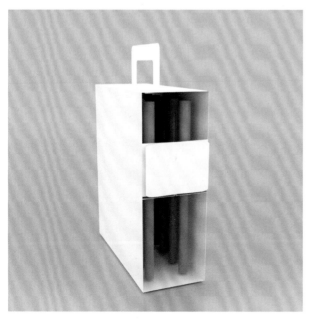

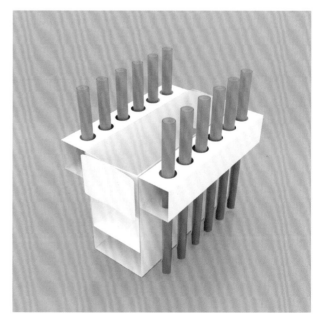

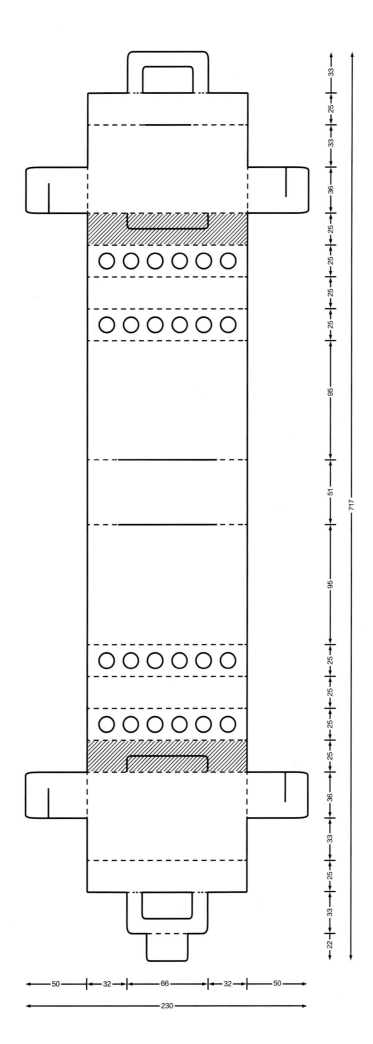

REUSE

彩色铅笔包装 ┃ Color Pencil Packaging

　　这款特别的彩色铅笔包装采用一纸成型的结构，针对人们通常的使用习惯对传统彩色铅笔包装进行了结构的创新设计，通过半翻盖的形式使其在变形后可与彩色铅笔相互支撑，从而立起作为笔架使用，延长了包装的生命周期，同时也节省了购买笔筒的额外费用，是符合生命周期评价理念的绿色创新结构设计。

结构特点	一纸成型、翻盖结构
注意事项	无
适用范围	彩色铅笔、水彩笔等文具
材料选择	环保牛皮纸、环保卡纸等

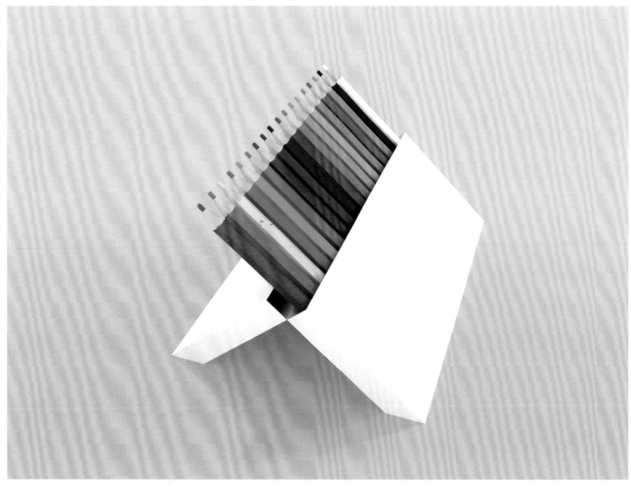

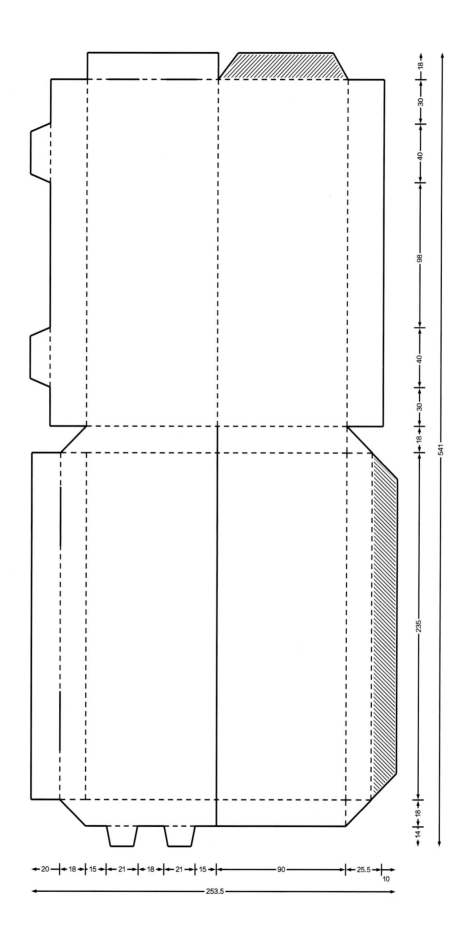

REUSE

糖果包装 I Candy Packaging

　　这款糖果包装的结构设计结合了跳棋的特点，将包装打开后可获得完整的棋盘。圆形的凹槽将糖果固定其中，产生较好的视觉效果。当作为糖果包装使用后，它可作为跳棋玩具使用，兼具包装的功能性与趣味性，延长了包装的使用周期，包装使用安全无污染的可降解环保卡纸，封口处采用开孔穿线的方式，简洁、环保。

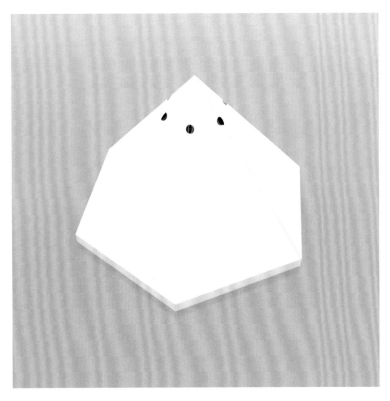

结构特点 棋盘式结构

注意事项 各圆形间的距离须保持一致

适用范围 糖果、巧克力球等

材料选择 环保卡纸

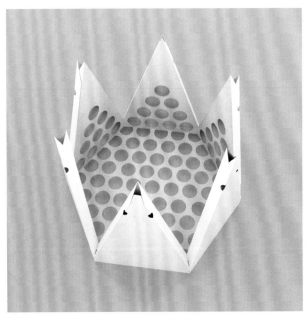

糖果包装 I Candy Packaging

包装展开图
Packaging Layout

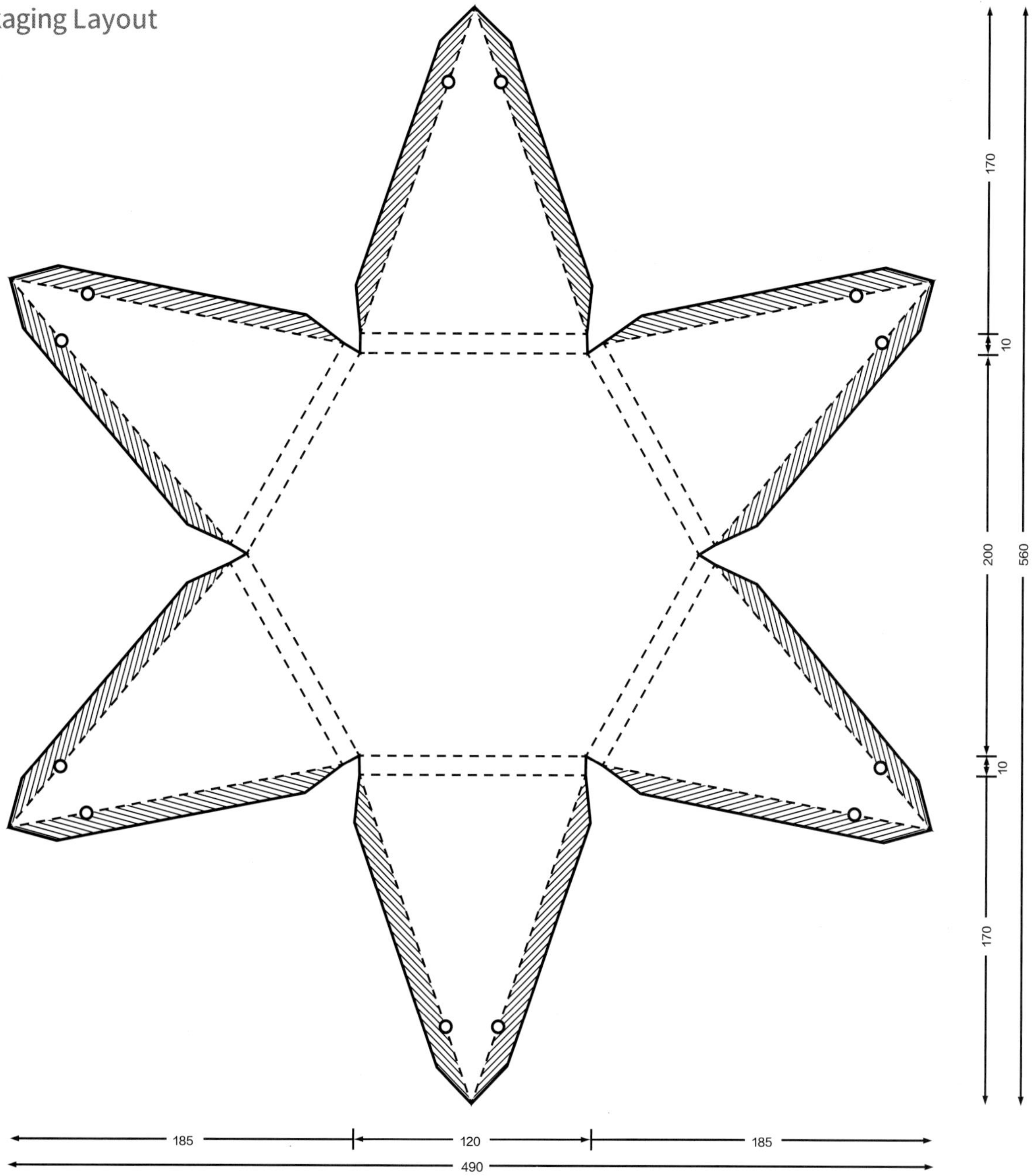

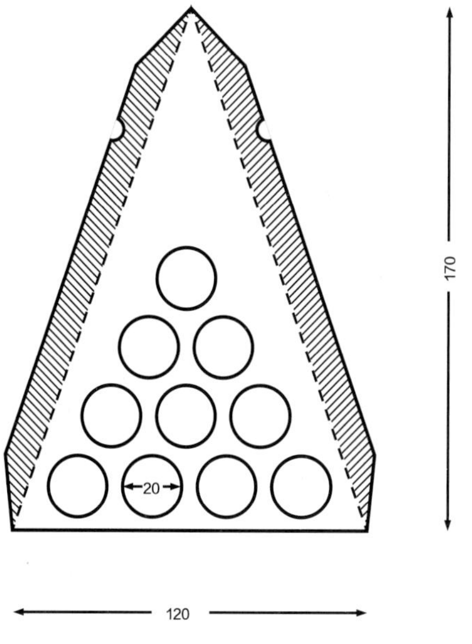

170

10

200

560

10

170

185 120 185

490

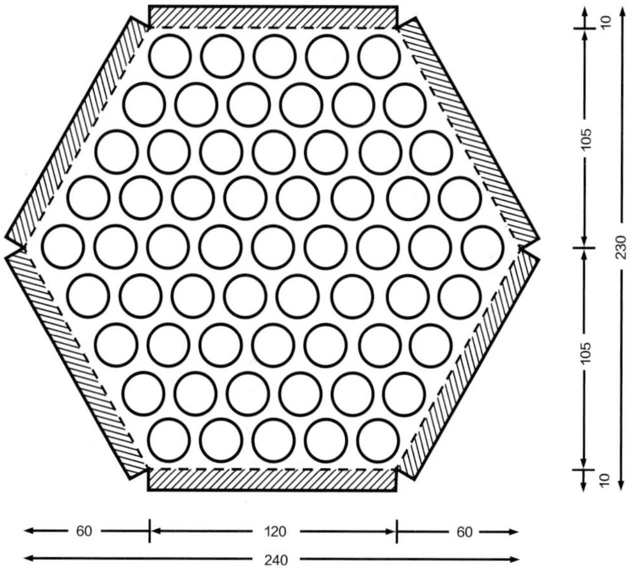

60 120 60

240

10

105

230

105

10

10

20

170

120

REUSE

零食包装 I Snack Packaging

　　这款零食包装通过一纸成型的方式，可将不同种类的零食进行分类填装，具有很好的保护和储存的功能。包装打开后可直接作为零食的分享盘，简单方便，更加卫生安全，具有多功能性。包装的选材使用安全无污染用纸，便于回收或降解，绿色环保。

结构特点 一纸成型

注意事项 无

适用范围 零食等

材料选择 环保卡纸

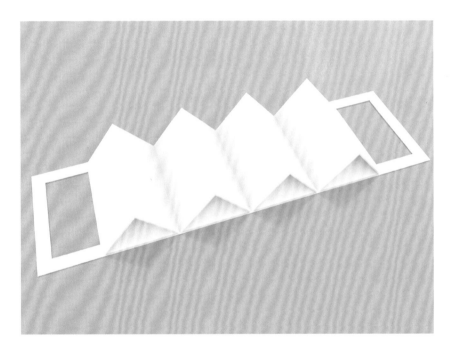

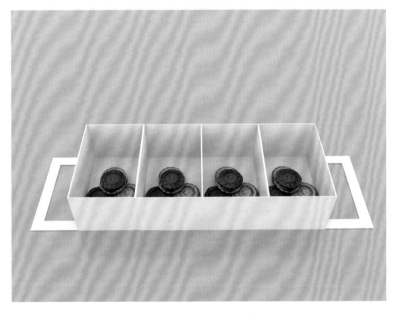

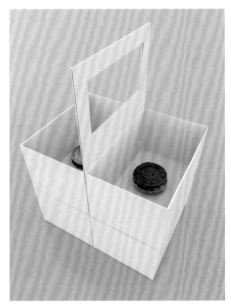

零食包装 I Snack Packaging

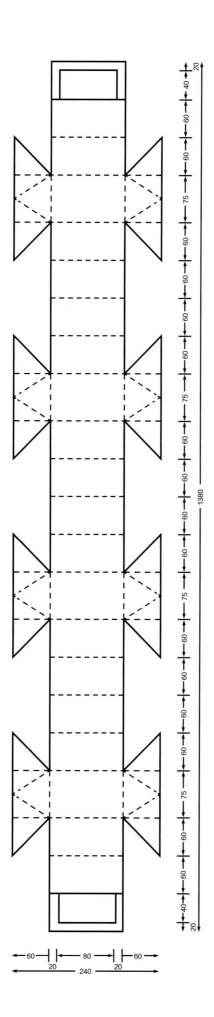

REUSE

餐具包装 | Tableware Packaging

　　这款餐具包装分为上下两部分，中间以巧妙的结构将两个部分连接起来。在包装使用后可将其作为纸巾抽盒使用，减少了包装的丢弃浪费，延长了包装的使用寿命，同时选用安全可降解的环保牛皮纸作为材料，具有较好的环保性，减少环境负担。

结构特点 | 一纸成型

注意事项 | 无

适用范围 | 餐具等

材料选择 | 环保牛皮纸

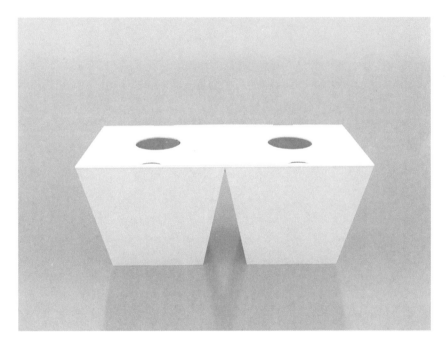

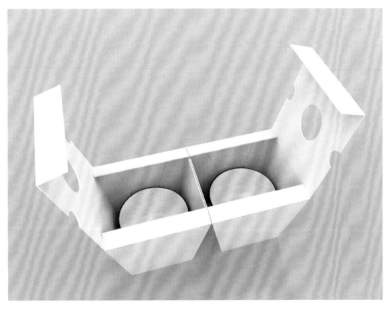

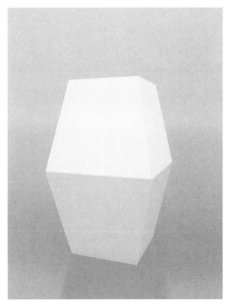

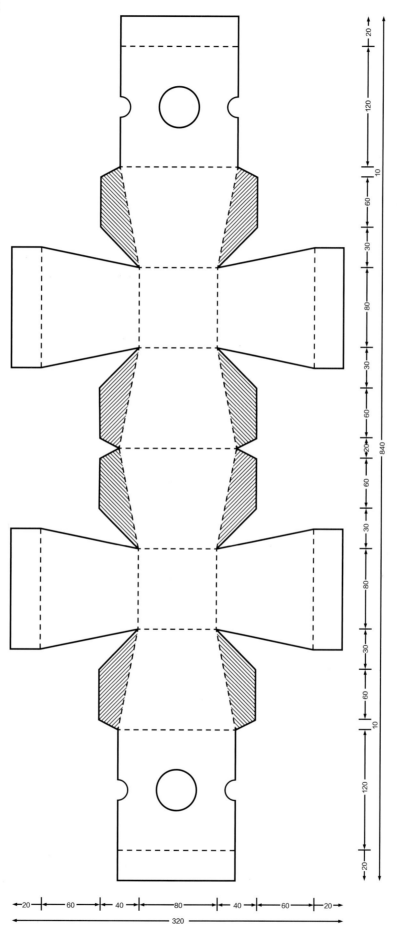

REUSE

巧克力包装 I Chocolate Packaging

　　这是一款富有趣味性的巧克力包装，采用较为简单的结构将包装变成趣味的小玩具，使用者在包装使用后可沿着虚线处裁剪折叠，将包装"变身"为可以投篮的小玩具，能够带给使用者富有趣味的使用体验，也延长了该包装的使用寿命，减少包装的浪费丢弃。

结构特点　一纸成型

注意事项　无

适用范围　巧克力球、糖果等

材料选择　环保卡纸

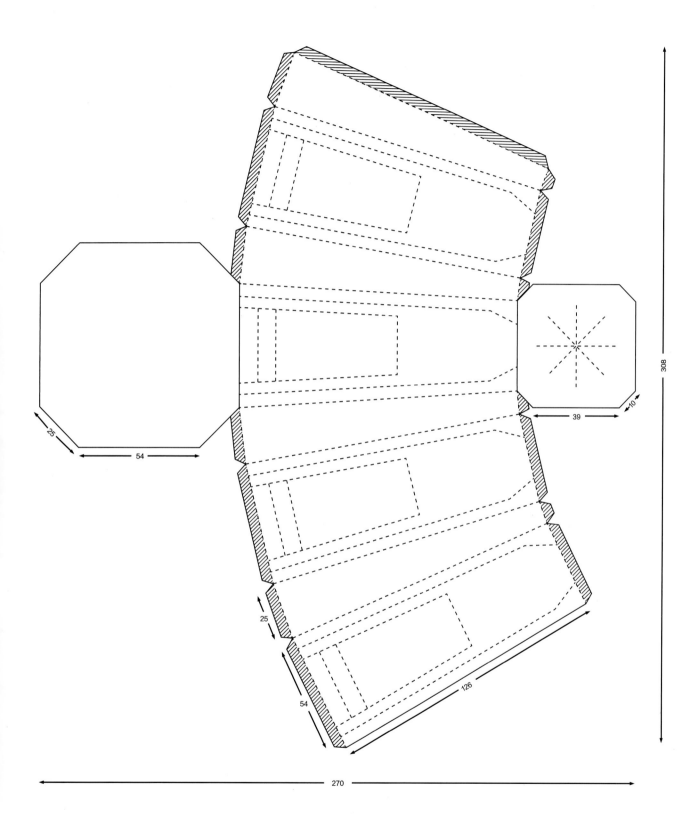

REUSE

酒包装 ▎Wine Packaging

　　这款酒包装设计利用稳定的三角结构，能够很好地避免物品在运输过程中遭受外力的挤压，具有较好的保护性；设计将包装与酒架相结合，包装在完成其使命后，可以留在家中继续当作装饰性的酒架反复使用，兼具美观性与创新的多功能性，一定程度上延长了包装的生命周期。此包装采用安全环保的可降解材料，体现了循环利用的可持续设计理念。

结构特点	具有两种可变形态
注意事项	材料要选择相对厚的硬纸板
适用范围	瓶装酒
材料选择	环保卡纸等

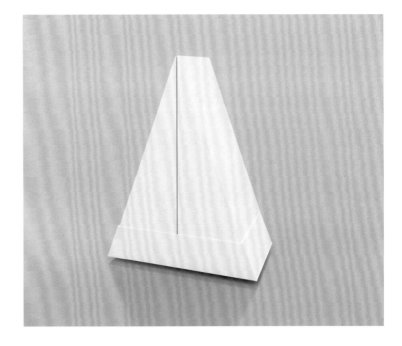

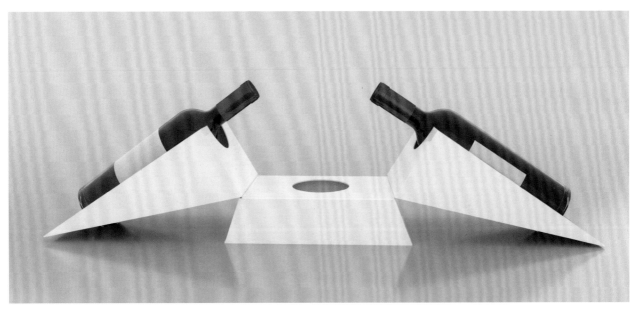

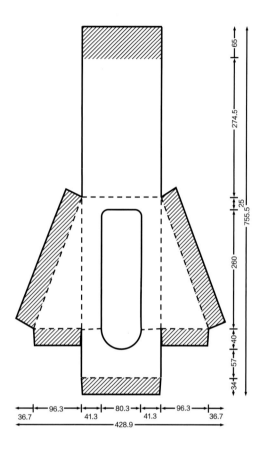

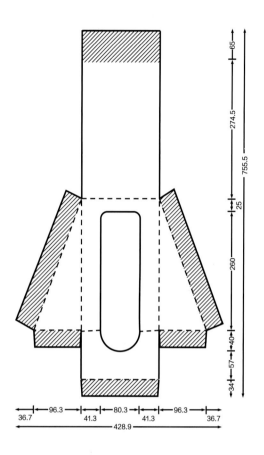

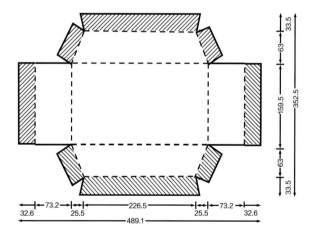

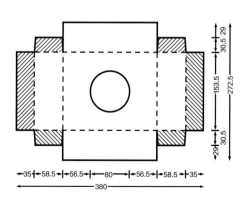

REUSE

葡萄酒包装 | Wine Packing

　　这款包装针对价值相对较高的葡萄酒进行创新设计，外形简洁大气，多功能的设计则使它在抽离里面的纸板后，能够作为高脚杯架和葡萄酒架重新使用，减少了包装被丢弃的浪费，在延长使用时间的同时节省了高脚杯架的费用和资源，是符合生命周期评价理念的绿色设计。

结构特点	无
注意事项	材料须具有承重能力
适用范围	葡萄酒
材料选择	瓦楞纸

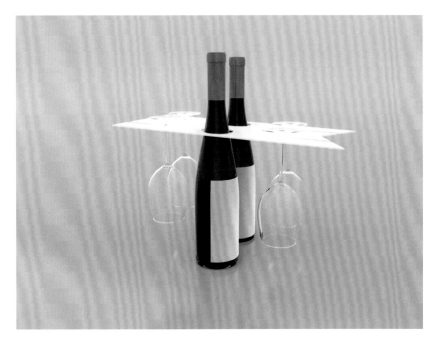

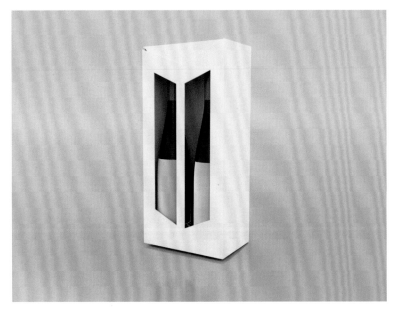

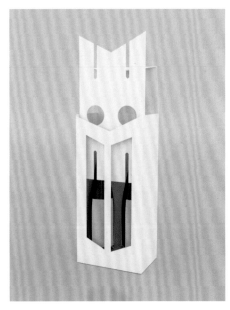

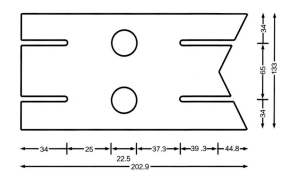

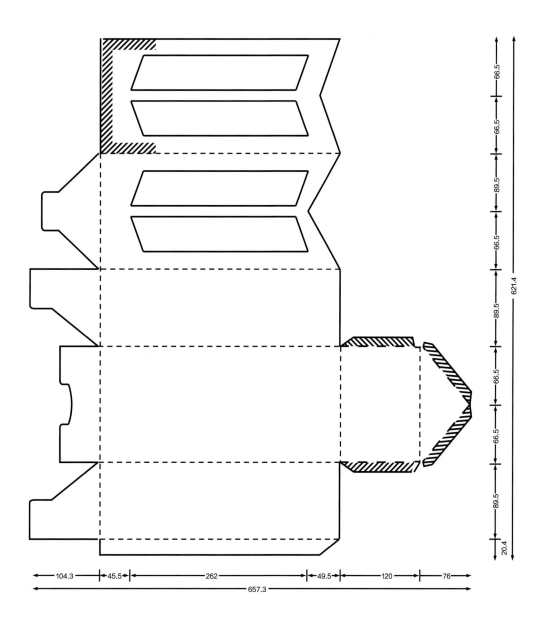

REUSE

灯泡包装 | Bulb Packaging

　　这款灯泡包装的结构设计不同于传统灯泡包装，采用天地盖的基础包装盒型，包装打开时侧镂空的花纹设计展现出较好的视觉效果。将内部产品取出后，包装可作为灯罩二次使用，镂空花纹的设计减弱了灯泡刺眼的灯光，让灯罩看起来更加温馨，赋予了包装新的生命。包装本身采用环保材料，非常便于回收利用，体现了再利用的可持续设计理念。

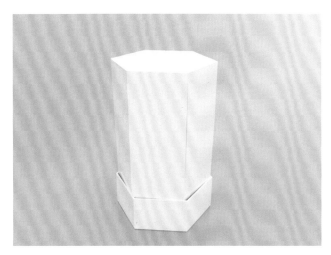

结构特点	天地盖结构、无胶结构
注意事项	镂空可以根据需要再设计
适用范围	灯泡
材料选择	环保牛皮纸、环保卡纸

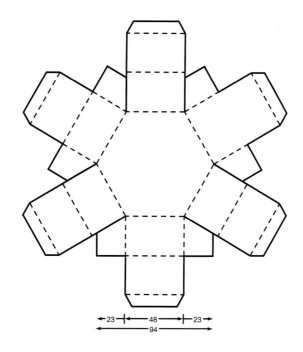

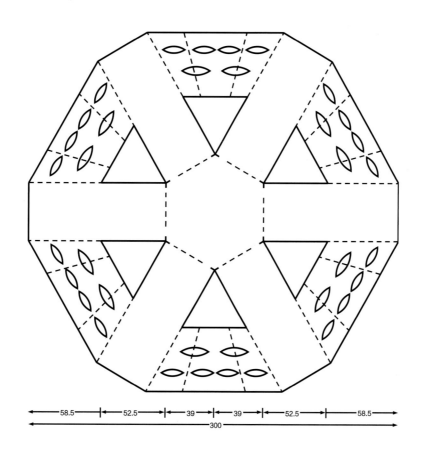

REUSE

化妆品包装 | Cosmetic Packaging

　　化妆品的收纳一直是女性比较烦恼的问题，这款化妆品套装的包装整体是一个立方体，拉开后其内部为上下两层，可放置不同种类的化妆品，大大节省了桌面的空间；包装材料使用较厚瓦楞纸，具有较好的稳定性；包装可反复使用，延长了包装的使用寿命；包装黏合部分使用安全无毒的水溶性胶，可安全降解，减少了环境负担。

结构特点	无
注意事项	使用环保胶水
适用范围	化妆水、乳液、口红等化妆品
材料选择	瓦楞纸、厚环保卡纸

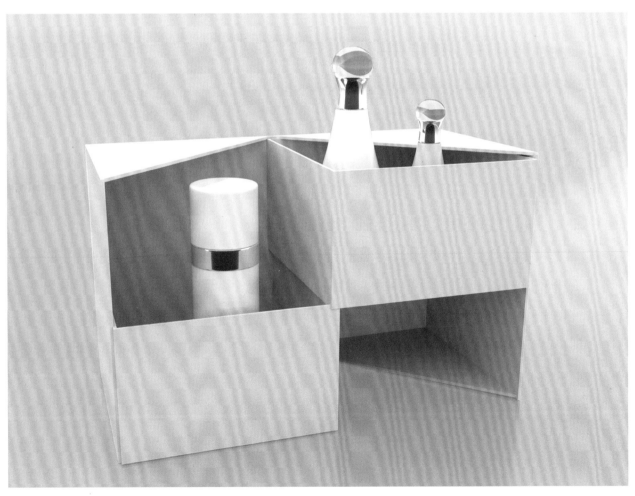

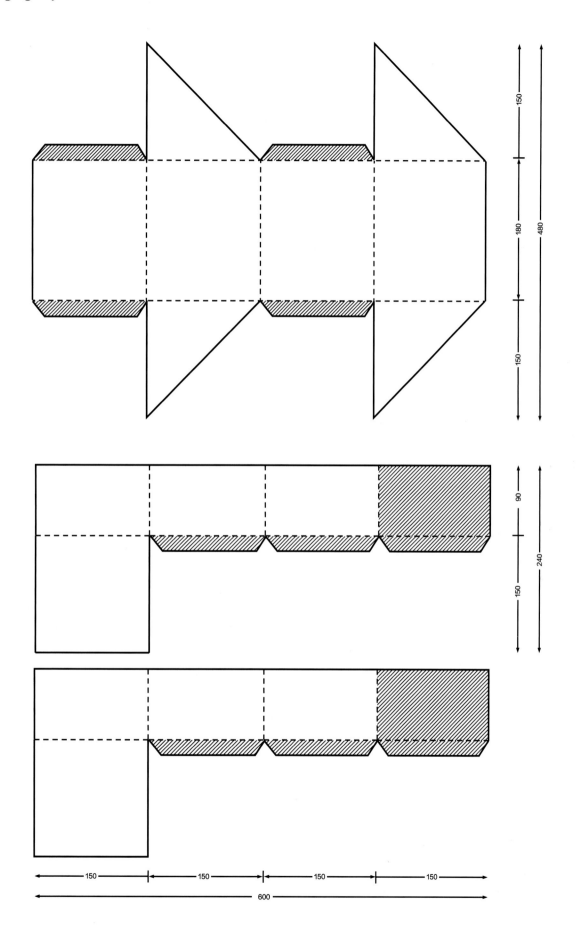

REUSE

T恤包装 | T-Shirt Packaging

　　这款包装不同于传统的 T 恤包装，采用环保卡纸等硬度较高的纸材料，拼合起来是衣架的形状。包装采用无胶的卡扣闭合方式，无须使用胶水，安全环保。包装起到保护产品的作用，在将产品拿出后，包装可拼合成衣架反复使用，延长了包装的生命周期，切合了绿色包装的设计理念。

结构特点 | 一纸成型、卡扣结构、无胶结构

注意事项 | 无

适用范围 | T 恤

材料选择 | 环保牛皮纸、环保卡纸

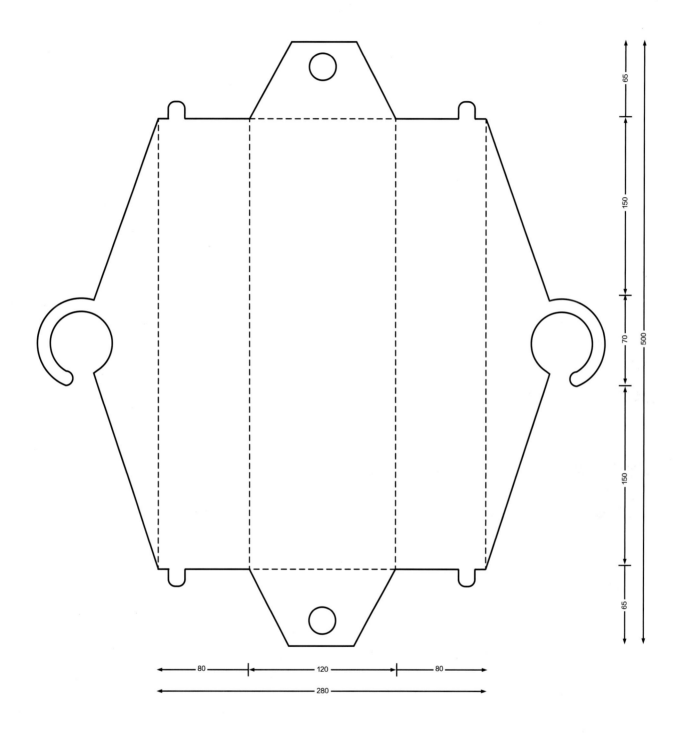

REUSE

猫草种子包装 ┃ Catnip Seed Packaging

　　这款猫草种子包装分为包装袋和包装盒两部分，分别使用两种材料。外部的木质盒子在作为包装盒的阶段，可以起到对猫草种子的保护作用，完成包装使命后可作为种植猫草的花盆，延长了使用寿命，具有多功能性的特点。这样的包装既满足了养猫消费者的需求，又减少了环境负担。简洁干净的特点也符合当下的消费趋势，兼具美观性与功能性。

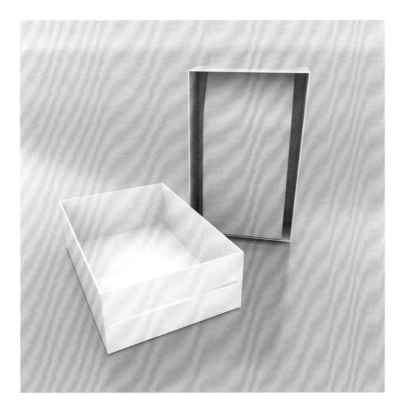

结构特点	天地盖结构
注意事项	无
适用范围	猫草种子或猫粮
材料选择	环保牛皮纸及木材

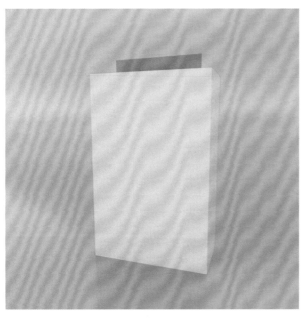

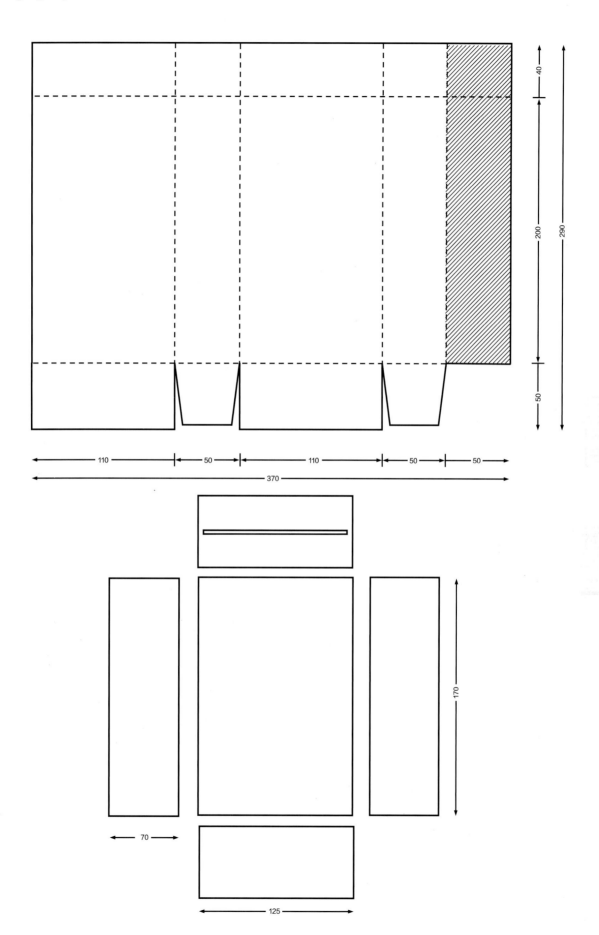

REUSE

图钉包装 | Pushpin Packaging

　　这款图钉包装整体是立方体的结构，将包装翻转后是三个分层的小收纳盒，固定在不同角度便于使用者拿取，不用时即可围合成一个方盒，减少了空间的占用；包装外部的连接处采用卡扣设计，更加牢固安全；包装可以反复使用，延长了使用寿命，多功能性的特点也使得该包装更加契合绿色环保的理念。

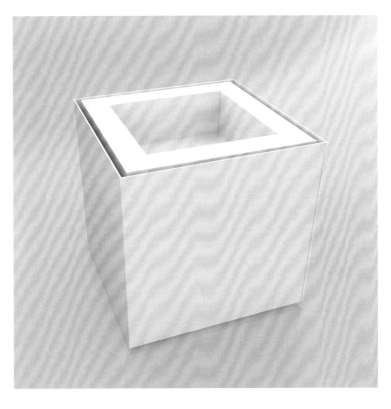

结构特点 翻转结构

注意事项 承载物不宜过重

适用范围 图钉、订书钉等

材料选择 环保牛皮纸、环保卡纸

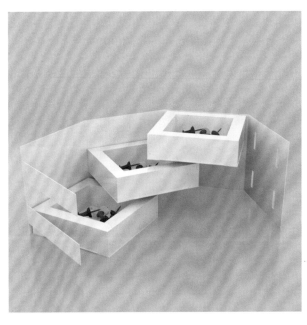

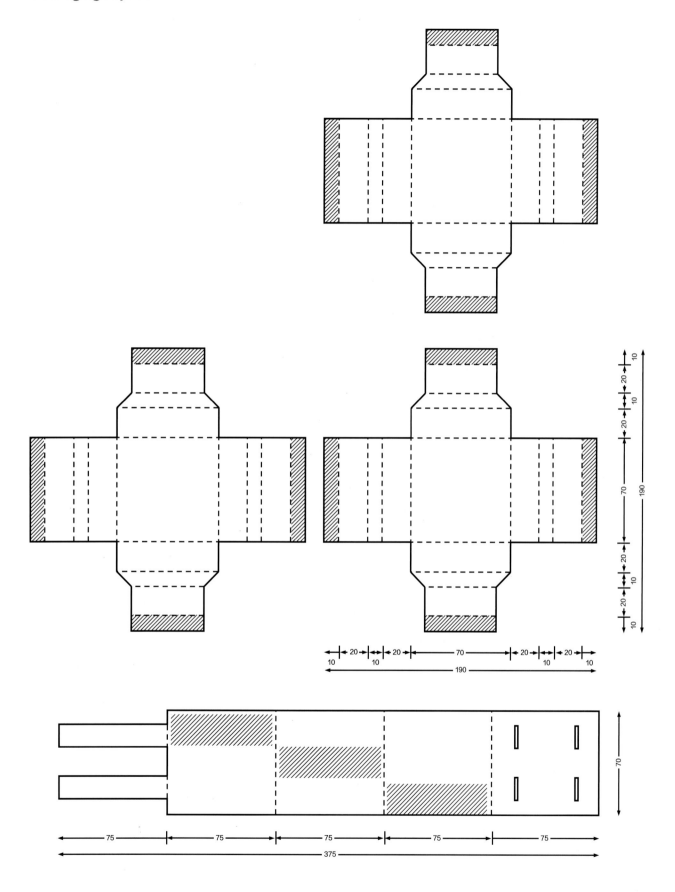

REUSE

工具包装 | Tool Packaging

　　市面上的工具大多采用单个包装或使用塑料进行包装，而这款工具的包装采用开盖的方式，在增加包装盒本身的容量之外，还提升了包装的实用性。这款包装可以起到保护工具的作用，同时也是工具的收纳盒，可反复使用，减少浪费，也免去了再购买工具盒的麻烦。包装采用环保纸材料，可安全降解，也方便回收，具有绿色环保性。

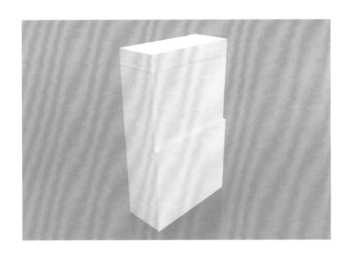

结构特点	翻盖结构
注意事项	无
适用范围	中小型工具
材料选择	环保牛皮纸

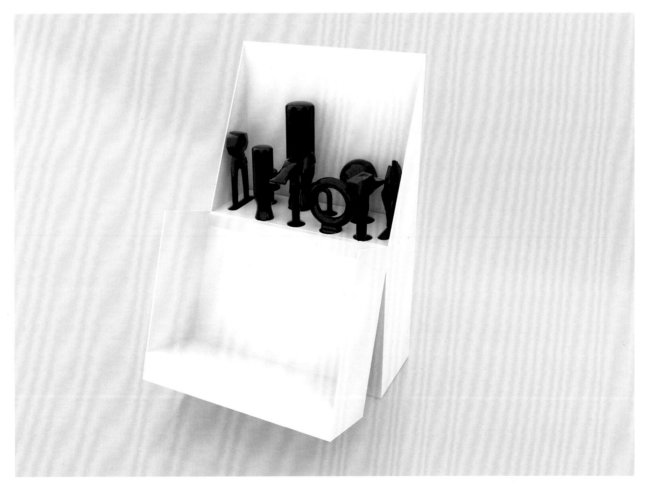

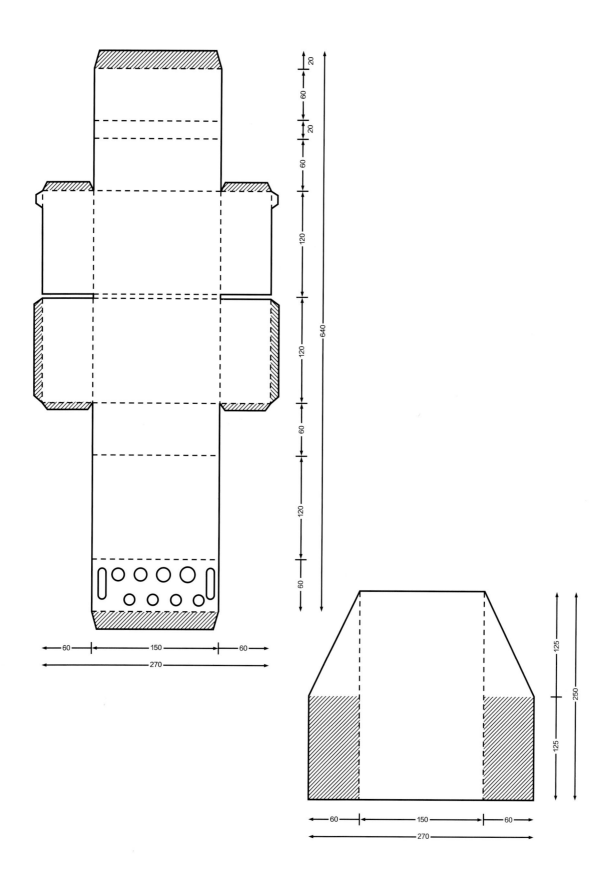

课后练习题

1. 设计一款通过简单拼装或变形，就能具备多功能的
   包装盒型结构。
2. 利用分层叠加的结构设计并制作一款符合 Reuse 标
   准的包装结构。
3. 到市场上考察一款可复用的包装盒型，并说明其设
   计是如何延长包装的生命周期的。
4. 利用卡扣结构设计一款可再利用的包装盒型结构。
5. 设计并制作一款具有趣味性的包装盒型结构，增强
   包装给消费者的互动体验。

Recycle (可回收)

优先选用再生材料,通过尽可能少地使用胶水、减少包装工艺等方法,能够提高资源的回收利用率。对废弃物进行回收,将其转化为再生制品,一方面能够保护环境,另一方面,还能循环利用资源。本节内容主要探讨可以进行回收或者更加方便回收的包装结构。帮助大家拓展思路,思考更多的便于回收的包装结构。

教学实践

RECYCLE
包装"再生"

RECYCLE

便携调味罐包装 I Portable Seasoning Pot Packaging

　　这款便携式调味料罐包装整体采用穿插结构，可同时放置六个调味罐，这一结构特点减少了整体的空间占用，同时，无须使用胶水的特点也方便了回收利用。包装设计了便携的提手，可以将调味罐带去野炊或者烧烤，方便消费者使用，让调味罐不仅可以在家中存放，也可在其他场合下使用；而间隔的设计既可以避免调味罐相互之间发生碰撞，又可以保证调味料不会撒漏，具有很好的保护功能。包装本身的无胶特性以及环保材料的使用，是绿色环保包装设计理念很好的体现。

结构特点	穿插结构、无胶结构
注意事项	无
适用范围	便携调料、小吃等
材料选择	环保卡纸

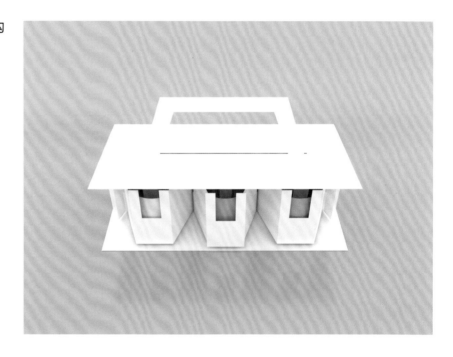

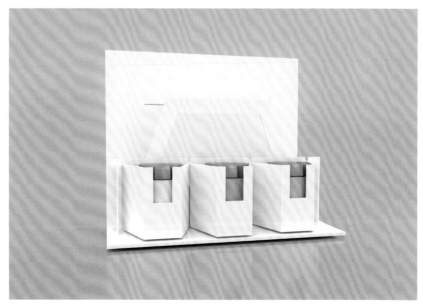

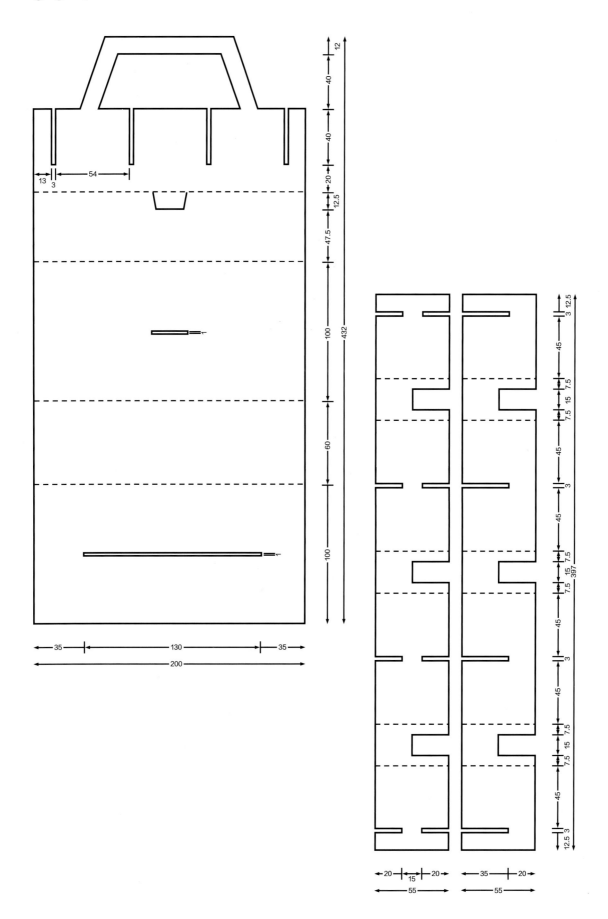

RECYCLE

毛笔包装 I Chinese Brush Packaging

　　这款毛笔包装采用一纸成型的结构方式，简洁又具有特殊性。作为材料的毛毡与包装相结合，既避免了传统盒型包装资源上的浪费，又赋予了产品自身包装的功能；包装本身采用了可回收的环保用纸，方便包装使用后的回收利用，降低对环境的污染，倡导了绿色环保的可持续性包装设计理念。

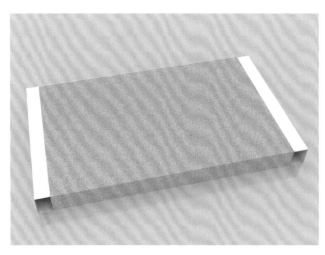

结构特点	一纸成型、无胶结构
注意事项	无
适用范围	毛笔
材料选择	环保卡纸、毛毡

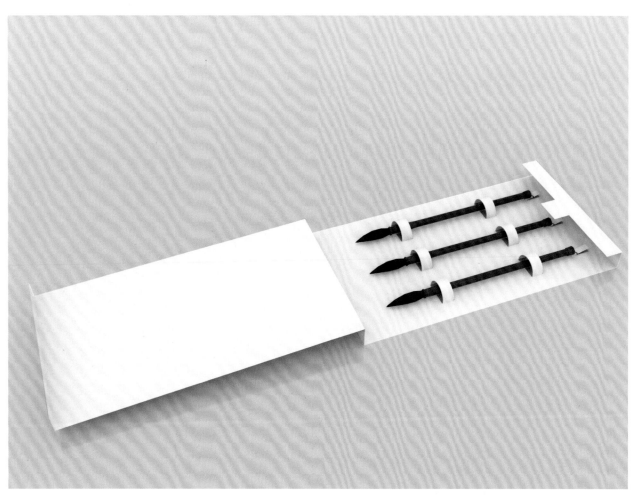

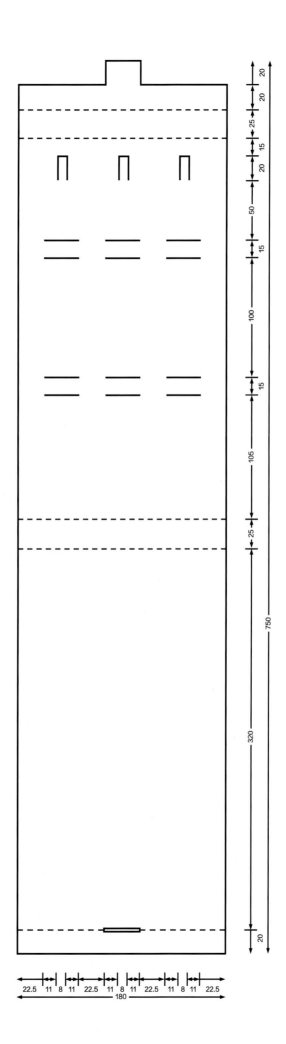

RECYCLE

酸奶包装 ⏐ Yogurt Packaging

　　这款酸奶的包装整体采用一纸成型的方式，一次可盛装六罐酸奶，底部与提手相连接，保证了整体包装的承重能力，增强了安全性；包装的上盖采用卡扣的结构处理方式，方便消费者的取用。包装整体无须使用胶水，非常利于包装的再回收利用，很好地契合了绿色环保的设计理念。

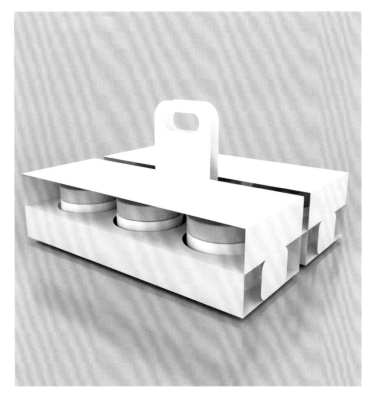

结构特点	一纸成型、卡扣结构、无胶结构
注意事项	无
适用范围	酸奶、点心等
材料选择	环保卡纸、瓦楞纸

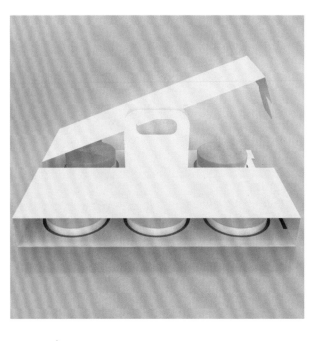

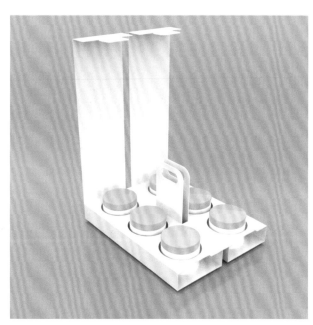

包装展开图
Packaging Layout

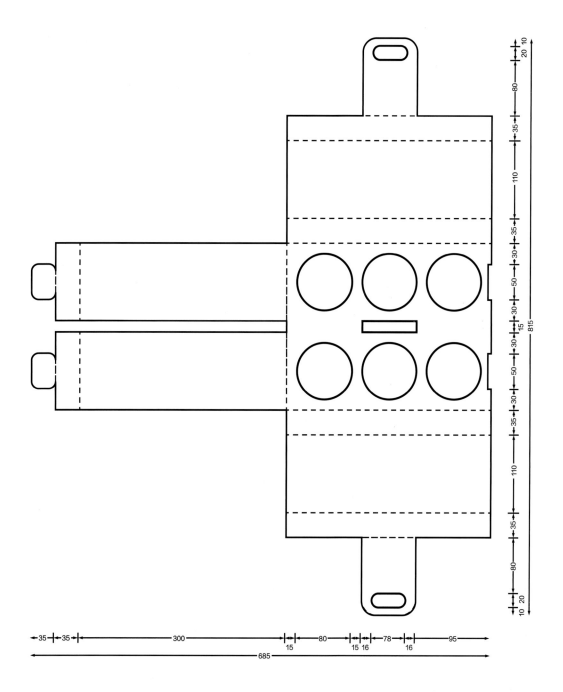

RECYCLE

玩具包装 | Toy Packaging

　　这款玩具包装选用可循环环保牛皮纸，黏合部分采用安全无毒的水溶性胶，避免对环境造成污染；包装为整体成型的半包围形，可以很好地保护产品并便于消费者查看产品情况。包装整体呈三角形，便于交错摆放时节省陈列空间，同时包装的两翼增加了缓冲空间，可以保护产品，防撞损，起到稳定安全的作用。

结构特点	一纸成型
注意事项	承载物重量不宜过重
适用范围	玩具
材料选择	环保牛皮纸

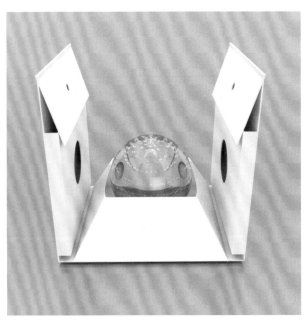

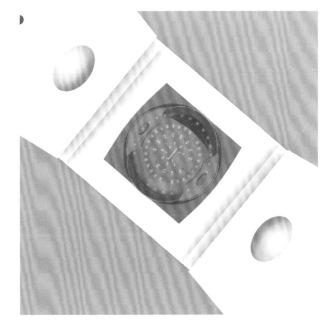

玩具包装 | Toy Packaging

包装展开图
Packaging Layout

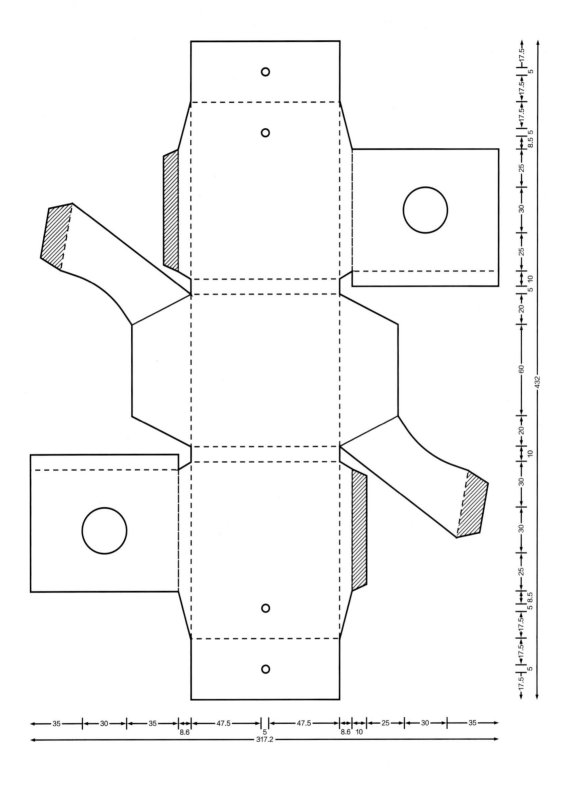

RECYCLE

水果包装 ┃ Fruit Packaging

　　这款水果包装无须使用胶水黏合，整体结构呈六边形，可以减少在运输以及陈列时对空间的占用；包装的间隔部分与包装采用一纸成型结构，构建出三个菱形的容纳空间，可以很好地避免水果之间的摩擦碰撞。包装采用安全环保的可回收材料，便于使用后的回收利用，符合绿色环保的设计理念。

结构特点	一纸成型、无胶结构
注意事项	无
适用范围	各种水果
材料选择	瓦楞纸

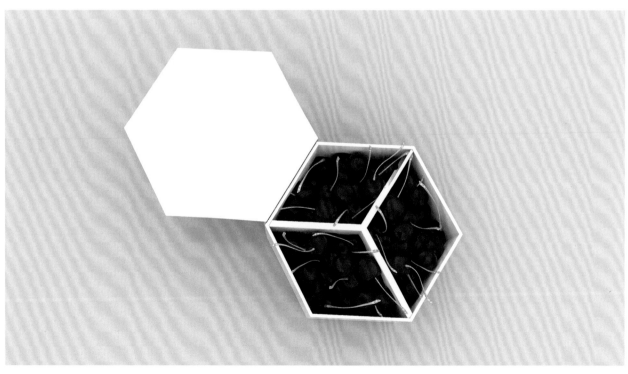

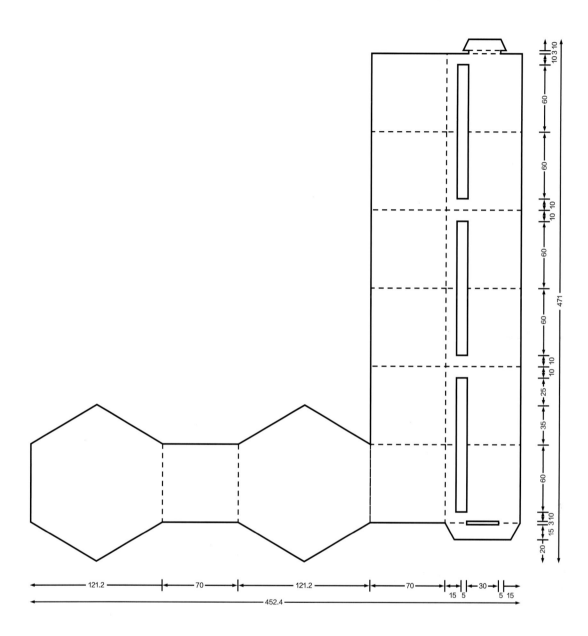

RECYCLE

奶瓶包装 I Feeding Bottle Packaging

　　这款奶瓶包装整体上一纸成型，利用巧妙的卡扣设计将奶瓶固定，包装的四周使用双层纸板，可以起到很好的保护奶瓶的作用。这样的包装不仅可以悬挂在陈列架上，在运输过程中，上下交错的结构设计还可以尽可能多地节省空间，减少运输成本。包装本身无须使用胶水，方便回收利用。

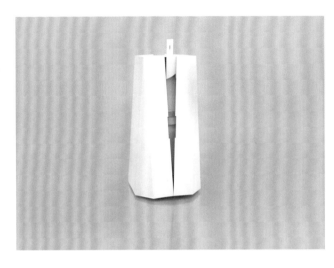

结构特点	一纸成型、卡扣结构、无胶结构
注意事项	无
适用范围	各种型号的奶瓶
材料选择	环保卡纸

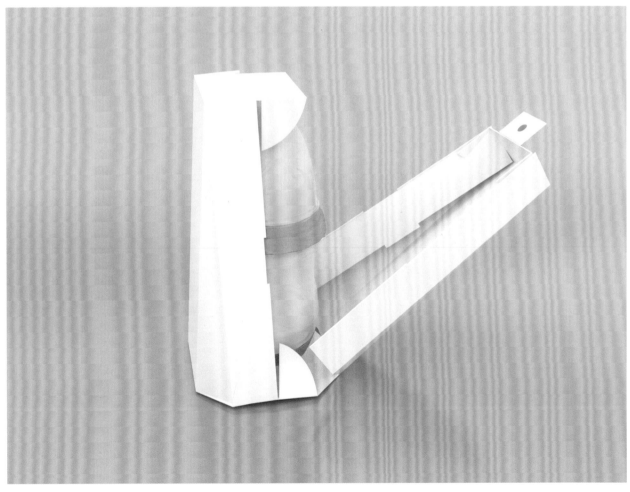

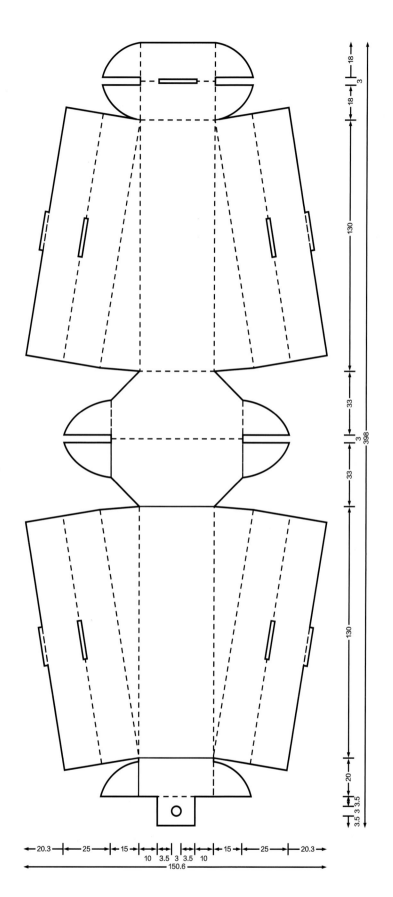

RECYCLE

白酒杯包装 | Liquor Cup Packaging

　　这款白酒杯包装采用多层卡扣结构设计，与杯身相契合，能够将产品牢固地固定在其中，并且具有很好的保护功能。包装本身采用一纸成型的方式，减少不必要的材料浪费；从外部看，整体简单、大方，而内部具有层次感，适合家庭日常使用，体现了适度包装的理念和内涵。

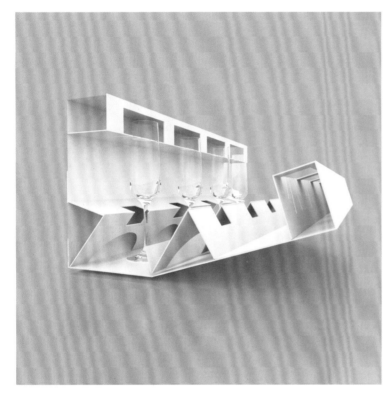

结构特点 一纸成型、卡扣结构

注意事项 卡口尺寸应比杯身尺寸稍大

适用范围 白酒杯等玻璃制品

材料选择 环保牛皮纸、环保卡纸

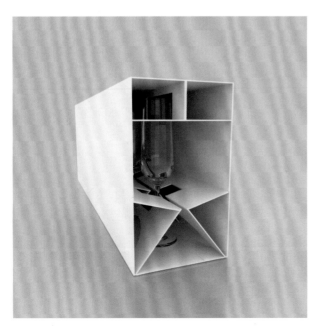

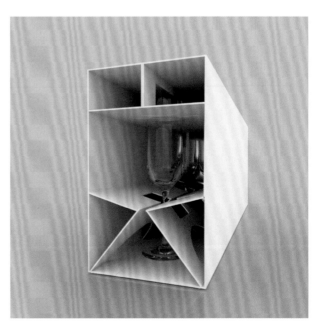

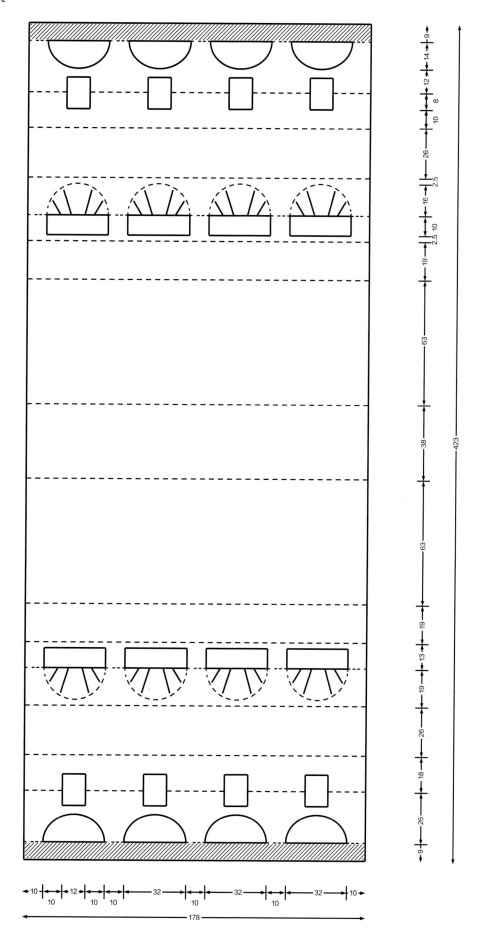

RECYCLE

棒棒糖包装 I Lollipop Packaging

　　这款包装整体展开后为六个连接在一起的小长方体盒子，可放置棒棒糖。侧面的镂空花纹便于消费者透过开窗观察到内部的棒棒糖，带来更加直观的视觉体验。这款包装采用一纸成型的方式，经过裁切折叠而成，结构巧妙而富有创意性。包装本身用材安全无污染，易于回收利用，很好地体现了循环利用的可持续环保设计理念。

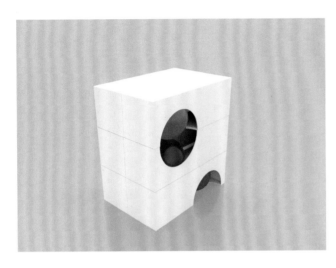

结构特点	一纸成型
注意事项	胶水粘贴处靠近展开图中部
适用范围	棒棒糖、儿童玩具、日用品等
材料选择	环保牛皮纸、环保卡纸

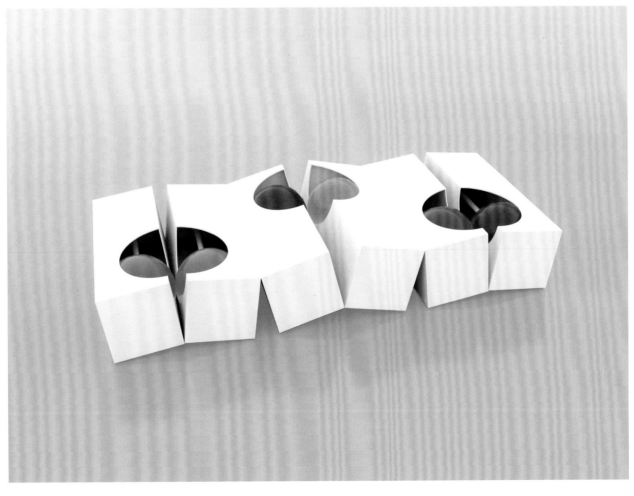

包装展开图
Packaging Layout

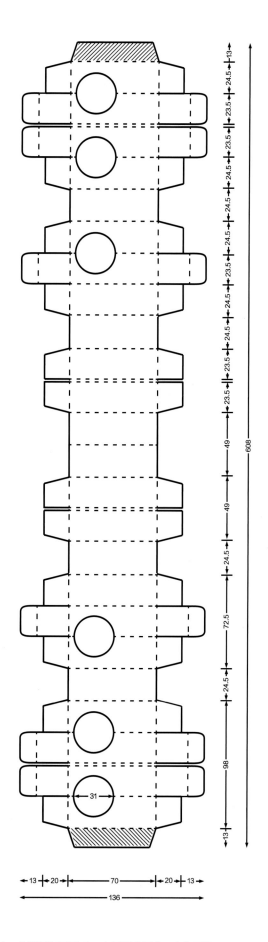

备注：右侧双杠无尺寸，表示折痕厚度，自行预留即可。

RECYCLE

刀具包装 I Tool Packaging

　　这款刀具包装采用凹槽盛装产品的方式，在连接处采用了卡扣进行穿插固定，具有较好的稳定性，安全牢固地保护产品。包装合起时体积较小，减少了空间的占用。包装无须使用胶水，便于回收，体现了循环利用和适度包装的可持续设计理念。

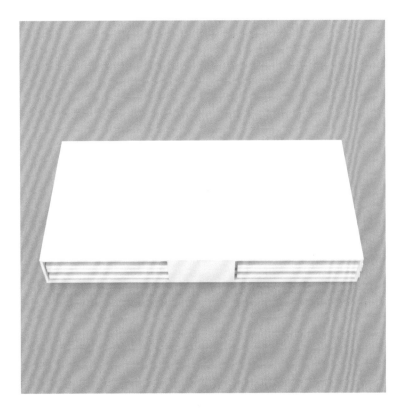

结构特点	无胶结构、卡扣结构
注意事项	需要考虑折叠时的厚度差
适用范围	刀具、五金工具等
材料选择	瓦楞纸

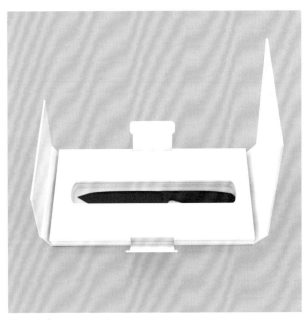

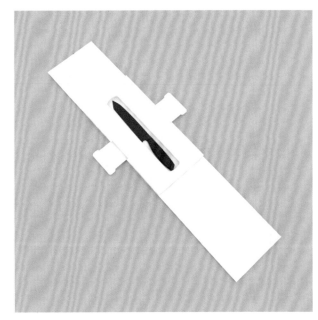

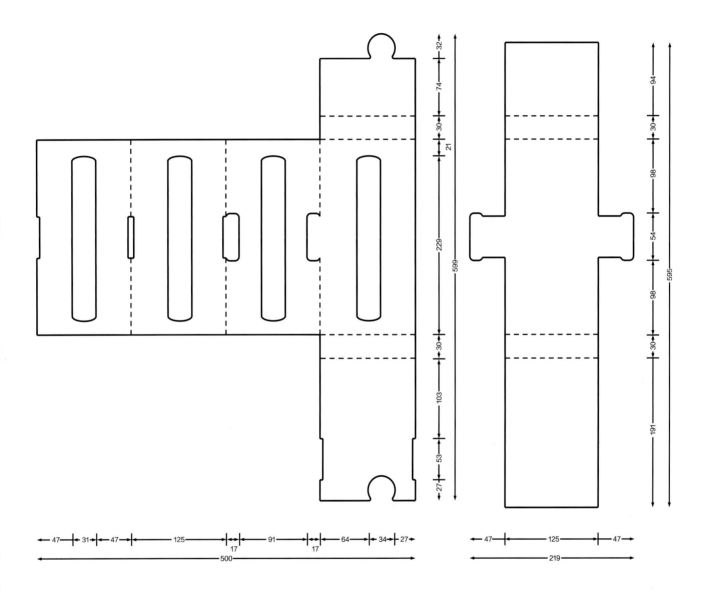

RECYCLE
毛巾包装 I Towel Packaging

　　这款毛巾包装以稳定的简单三角作为包装结构，通过一纸成型的方式减少了材料的消耗，包装的连接部分仅使用少量水溶性胶。包装使用可降解的硬环保卡纸，易于回收，同时也将材料成本降至最低，减少了对环境的污染。

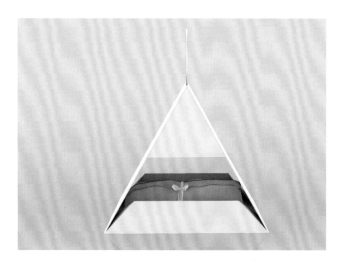

结构特点　一纸成型

注意事项　无

适用范围　毛巾、围巾等

材料选择　环保卡纸

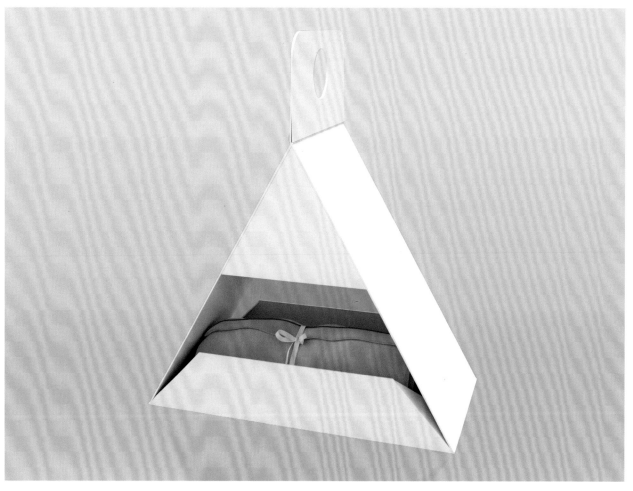

包装展开图
Packaging Layout

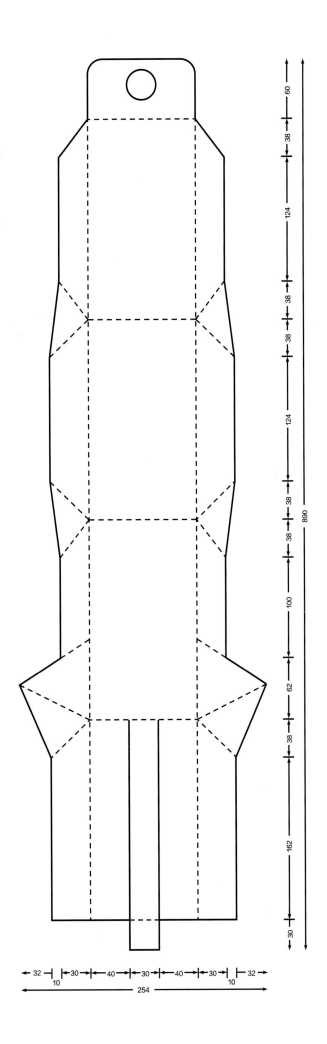

RECYCLE

点心包装 ┃ Snack Packaging

　　这款点心包装采用较为独特的结构造型，通过一纸成型的方式经由裁切而成，同时可根据实际需要增加或减少包装盒相应数量。包装打开时，内部空间皆可盛装产品，具有很好的实用性。这款包装使用可安全降解的环保卡纸，减少环境负担，体现了可持续发展的绿色环保观念。

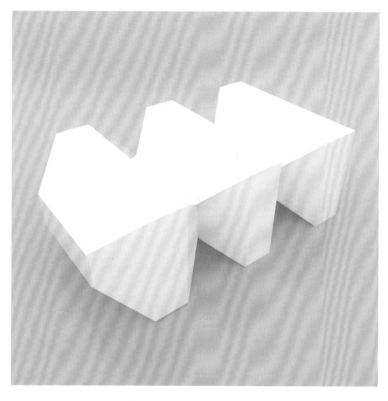

结构特点　一纸成型、翻盖结构

注意事项　无

适用范围　点心、鸡蛋等

材料选择　环保卡纸

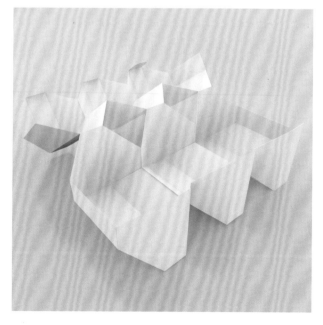

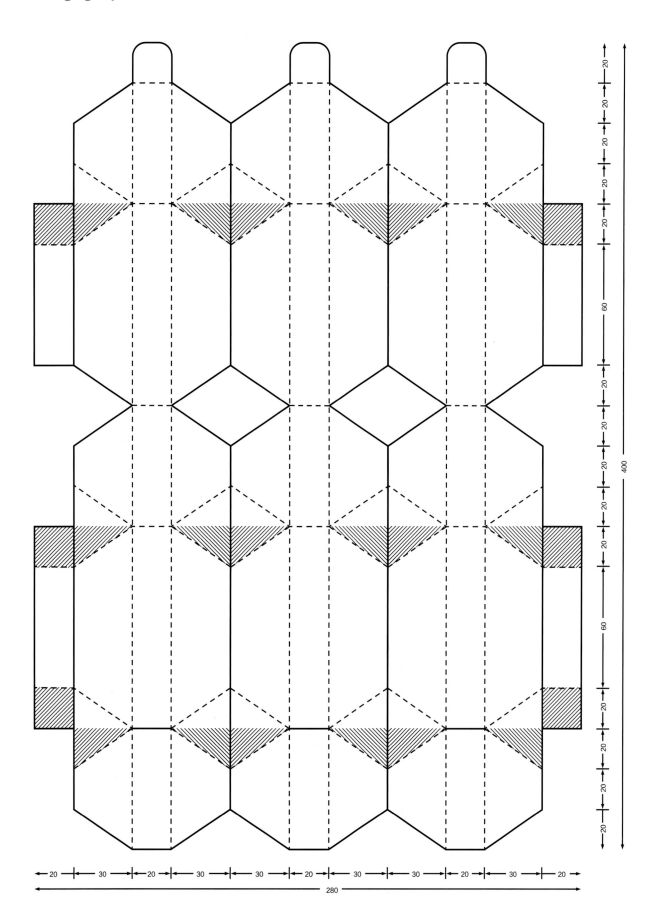

RECYCLE

咖啡用具包装 | Coffee Set Packaging

    这款咖啡用具包装的结构分为内外两个部分。内部结构用于固定产品，采用穿插卡扣的方式固定，有很好的安全稳固性能，包装上方的提手方便使用者提取物品；外部的结构可起到防污防尘的作用，同时更好地保护内部的产品。包装的无胶设计以及选材的安全要求，都一定程度地减少了对环境的伤害，是绿色环保的包装结构设计。

结构特点	穿插结构、卡扣结构
注意事项	无
适用范围	咖啡用具等
材料选择	环保牛皮纸

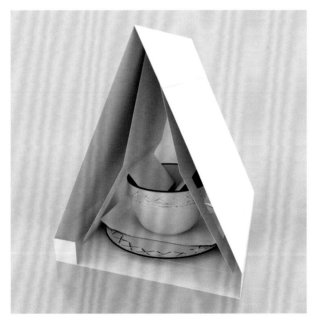

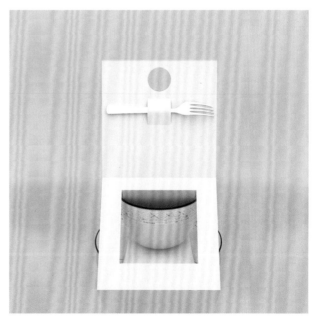

包装展开图
Packaging Layout

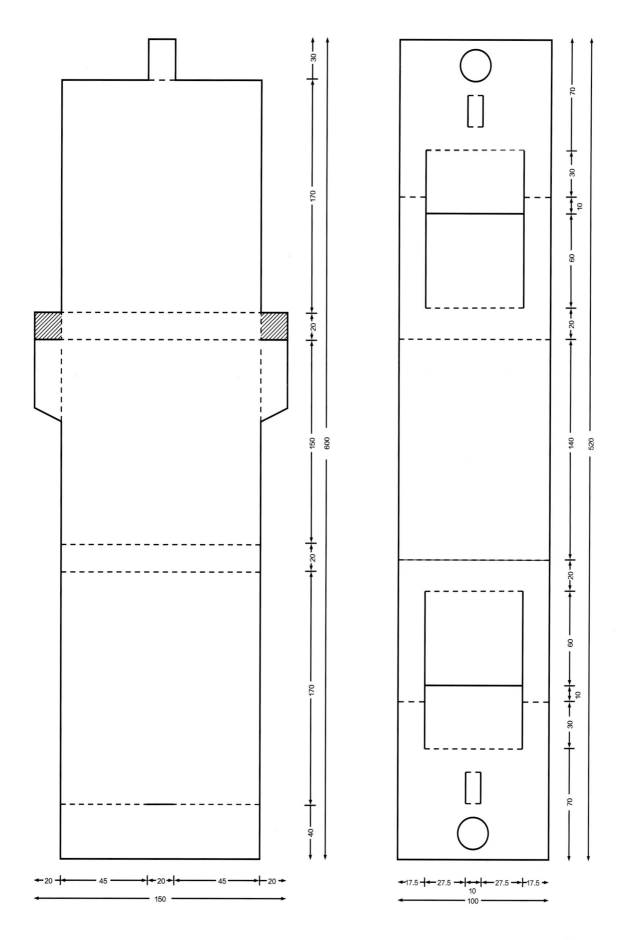

RECYCLE

情侣衫包装 ┃ Couple Shirt Packaging

　　这款情侣衬衫的包装设计融合了"成双"的理念，将两个相互连接的三角形盒体组成一个整体，很好地契合了"情侣"的概念；包装有手提和展示两种形态，适用于成对用品的盛放，兼具美观性与趣味性。包装本身采用一纸成型的结构，在连接处全部采用卡扣进行穿插连接而不需要使用胶水，非常便于回收利用，体现了循环利用的可持续设计理念。

结构特点	一纸成型、卡扣结构、无胶结构
注意事项	无
适用范围	情侣衬衫、毛巾等
材料选择	环保牛皮纸、环保卡纸

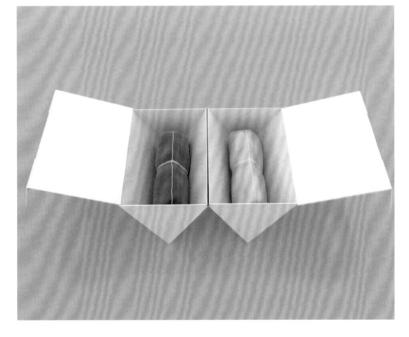

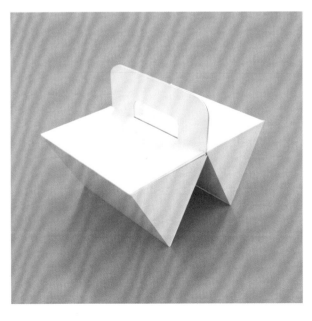

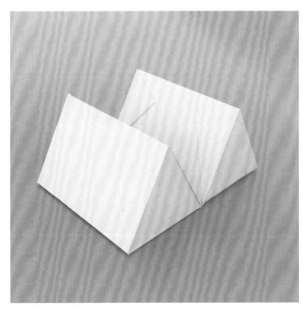

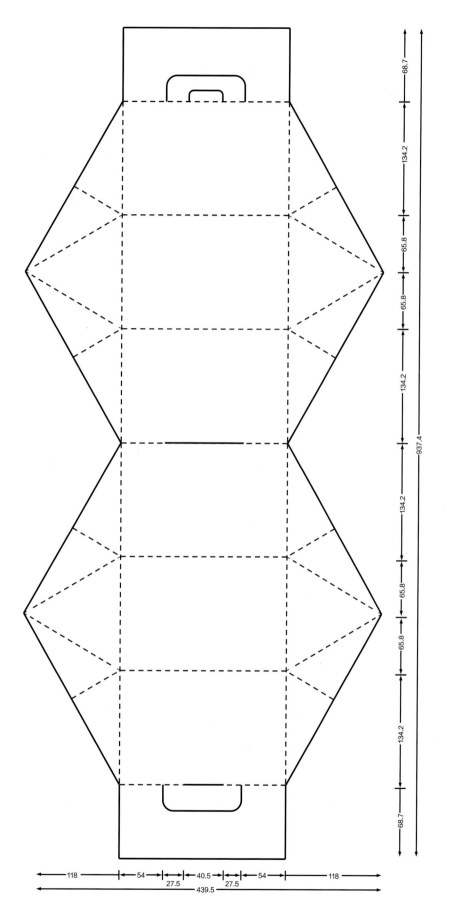

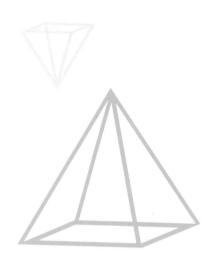

课后练习题

1. 设计并制作一款采用可回收材料、一纸成型的包装盒型。

2. 到市场上考察符合 Recycle 标准的包装结构实例，并说明其是如何提高包装的可回收利用率的。

3. 设计并制作一款采用穿插卡扣的结构以固定物品的包装盒型，通过无胶的设计在一定程度上减少对环境的伤害。

4. 用 Recycle 的原理，分析一种包装实例并提出改进方案。

5. 举例说明包装的材料、包装的结构和包装的回收利用率之间的关系。

Refill（可重新填装）

即对使用过的商品包装采用专业化整理、消毒等技术手段后再次使用，重新装填产品以提高产品包装的寿命，从而减少包装废弃物对生态环境产生的负担。本节展示了很多具有Refill理念的产品包装实例，这样的包装大部分满足经久耐用和外形美观的要求。以现有的理念作为引导，希望可以找到更多的新的设计风格和有趣的包装结构。

包装 "永生"
REFILL

教学实践

4

REFILL

狗粮包装 | Dog Food Packaging

　　这是一款便携式狗粮包装，其矩形结构可以满足狗粮大容量盛装的需要，摆放时相对稳定。包装采用可反复开合的开口设计，既可实现反复盛装，还能在打开时形成一个方便宠物进食的空间，而且提手的设计可以满足宠物短距离出行时的便携要求。包装结构巧妙而方便，具有多功能的特性。

结构特点 翻盖结构

注意事项 注意防潮

适用范围 狗粮、宠物零食等

材料选择 环保卡纸

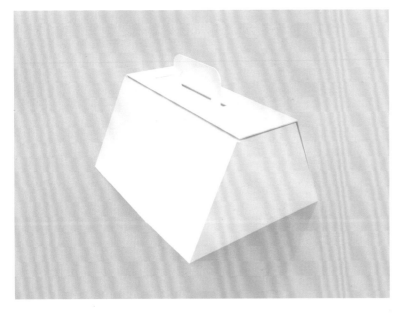

狗粮包装 | Dog Food Packaging

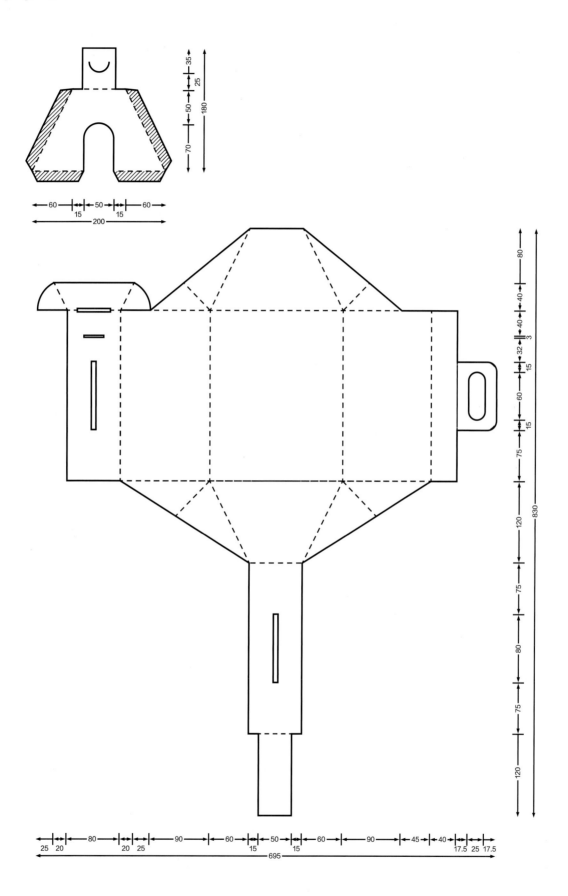

REFILL

文房套装包装 | Stationery Set Packaging

这款文房套装包装采用抽拉式结构，可同时收纳多只笔、多块墨、一卷纸、一方镇纸砚，并根据每种物品的性能设计不同的部件，便于消费者直观地分辨出物品特性。此包装可以稳定地直立于桌面，使用者想要使用某个物品时可抽拉出相应的部件，相当方便。包装材料的选择确保包装可反复使用，减少包装丢弃造成的浪费。

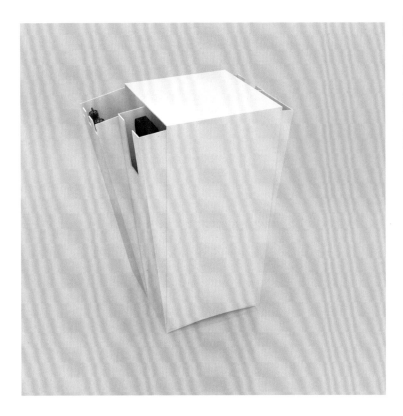

结构特点	复合结构
注意事项	固定受力位置
适用范围	文房套装
材料选择	环保卡纸、木材

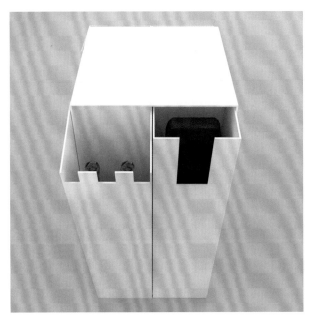

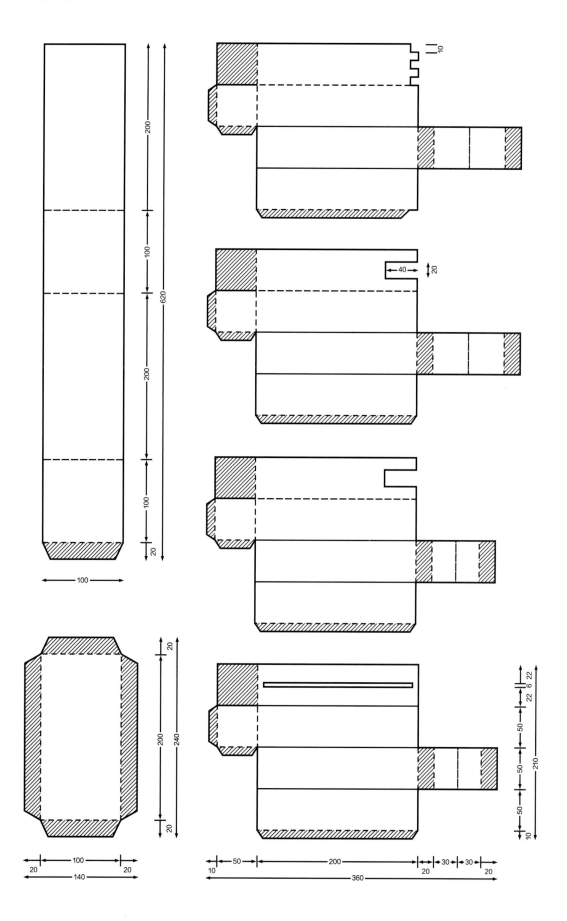

REFILL

柠檬包装 | Lemon Packaging

　　这款柠檬包装采用环保卡纸制成封套，可进行拆卸与压缩，侧边的卡口设计起到了很好的固定和保护作用，具有较好的稳定性能，整个包装减少了空间的浪费，节约了储存空间。包装的材料本身可重复利用，减少了对环境的污染，是可持续的绿色环保包装设计。

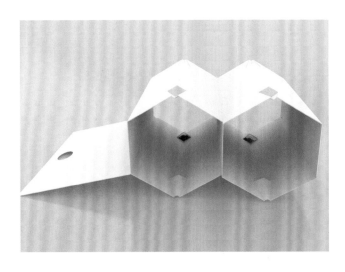

结构特点	穿插结构
注意事项	无
适用范围	柠檬、橘子等
材料选择	环保卡纸

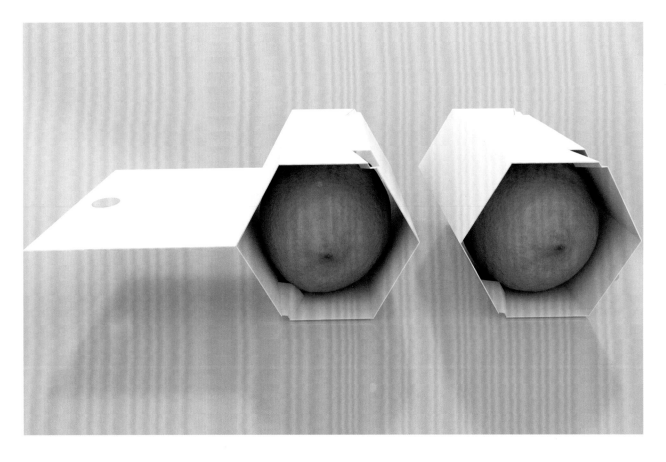

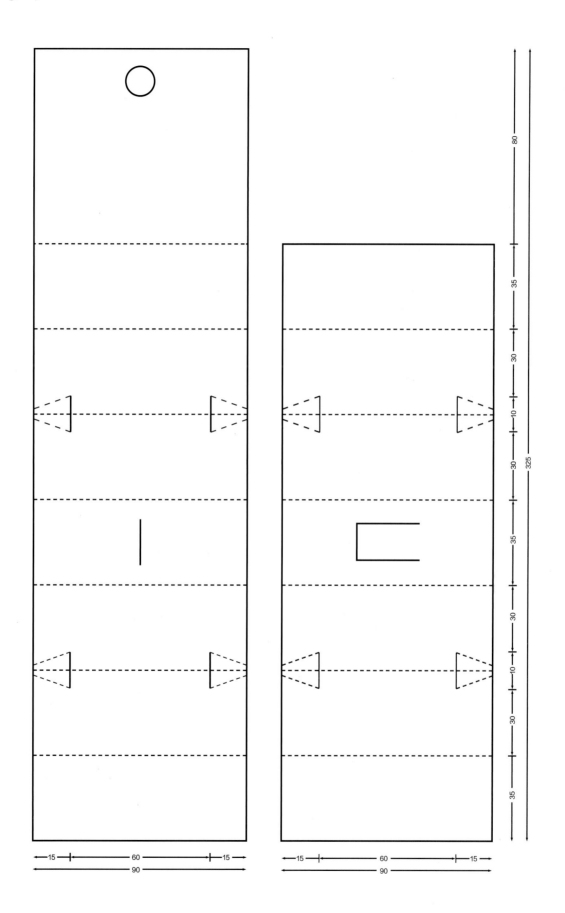

REFILL

发卡包装 ┃ Hairpin Packaging

　　这款发卡包装将两个海浪造型纸盒结构拼合为一组，合起后为完整的方形纸盒结构，用来盛装数量较多的金属发卡。不同于普通的发卡包装，其海浪的曲线元素贴合了以女性为主要用户的特点，一定程度上满足了使用者的情感需求，兼具美观性与功能性。同时这款包装采用裁切折叠的方式，胶粘的部分使用安全可降解的水溶性胶，减少对环境的伤害。包装可以重复填装使用，这大大延长了这款包装的使用寿命。

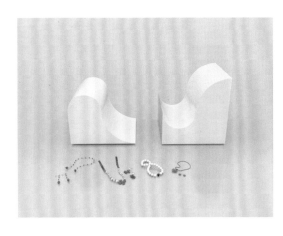

结构特点	有机结构
注意事项	曲线粘贴部分须精确
适用范围	发卡、发饰
材料选择	环保卡纸

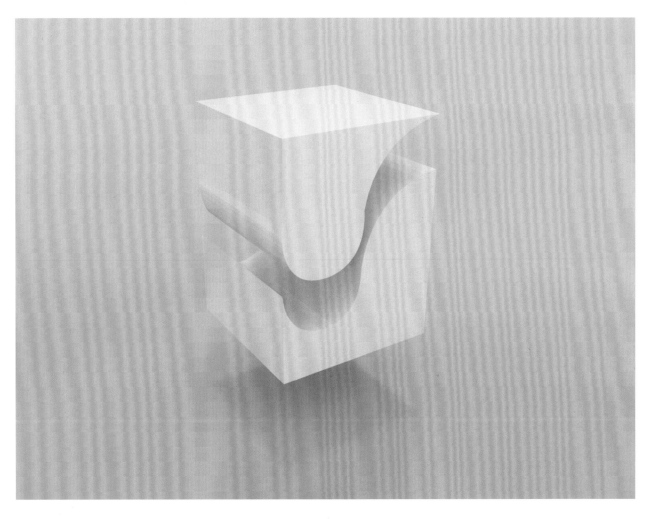

发卡包装 ┃ Hairpin Packaging

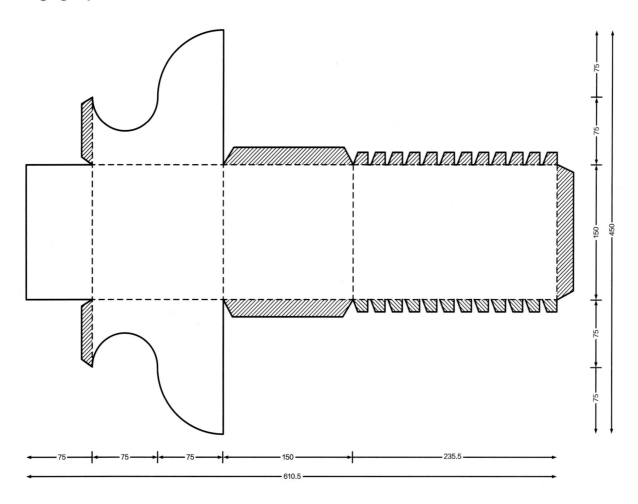

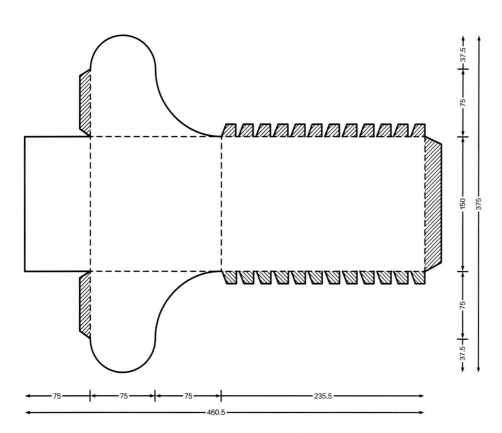

REFILL

五金零件包装 | Hardware Part Packaging

　　这款包装结构设计可用来盛装小体积的五金零件。包装从外观看是普通的立方盒型，拿取物品时将侧面旋转拉下，可以使得拿取零件更加方便简单。这款包装可重复填装物品，延长了包装的使用寿命，是可以"永生"的绿色包装。

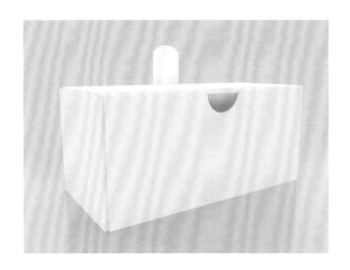

结构特点	摇盖式结构
注意事项	无
适用范围	五金零件
材料选择	环保卡纸

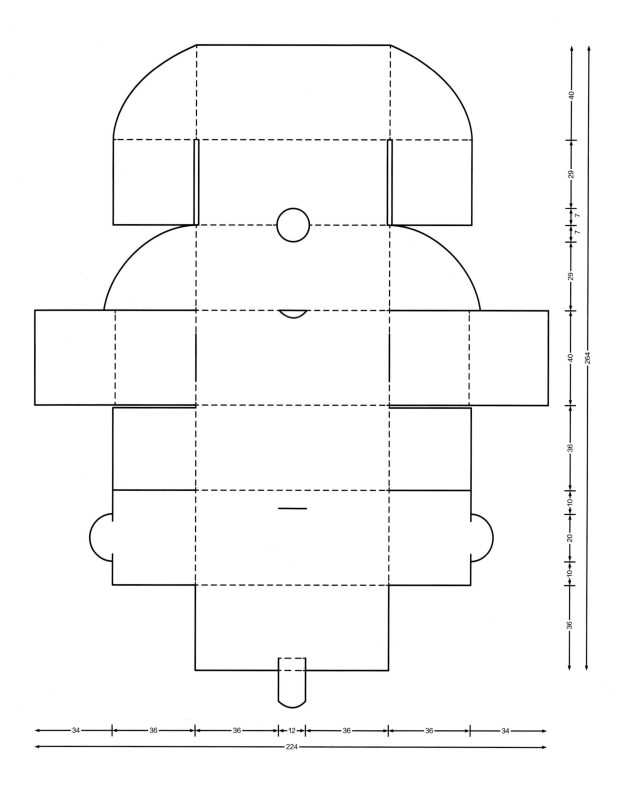

香囊包装 ∣ Scent Bag Packaging

这款香囊包装采用一纸成型方式，造型简单大方。这款包装的香囊同时也可作为伴手礼，方便消费者之间互赠礼品。包装在使用后仍可进行重复填装使用，延长了包装的使用寿命。包装的粘贴部分全部采用安全无污染的水溶性胶，一定程度上减少了对环境的危害，体现了绿色环保的设计理念。

结构特点	一纸成型
注意事项	无
适用范围	香囊、糖果等
材料选择	环保卡纸、环保牛皮纸

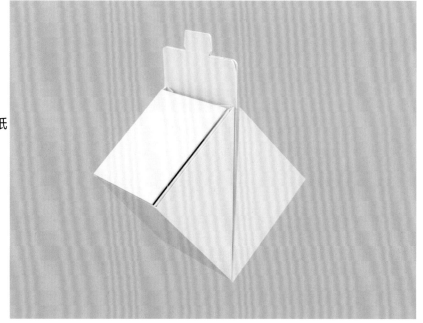

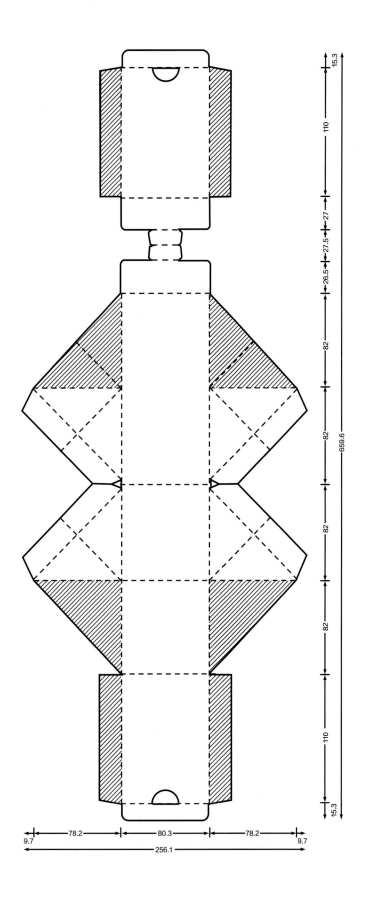

REFILL

眼镜包装 | Glasses Packaging

　　这是款不同于传统的眼镜盒，其伸缩式的结构利用可活动的空间巧妙地完成了眼镜的放置，将眼镜取出后，消费者可以压缩眼镜盒来进行收纳，大大节省了空间，同时也便于随身携带，极大地方便了消费者的使用，包装兼具良好的功能性与美观性。

结构特点 一纸成型、伸缩结构

注意事项 无

适用范围 眼镜等随身携带物品

材料选择 环保卡纸

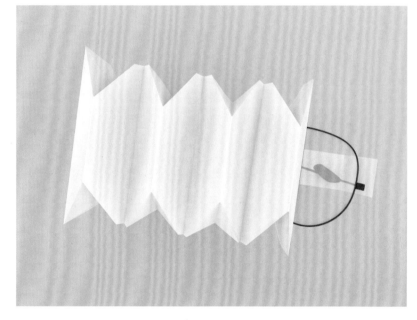

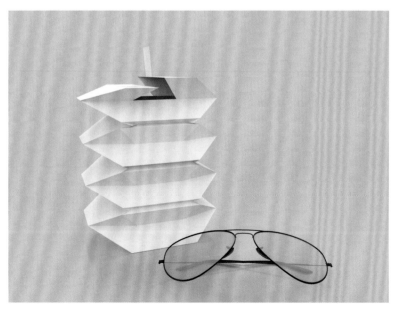

包装展开图
Packaging Layout

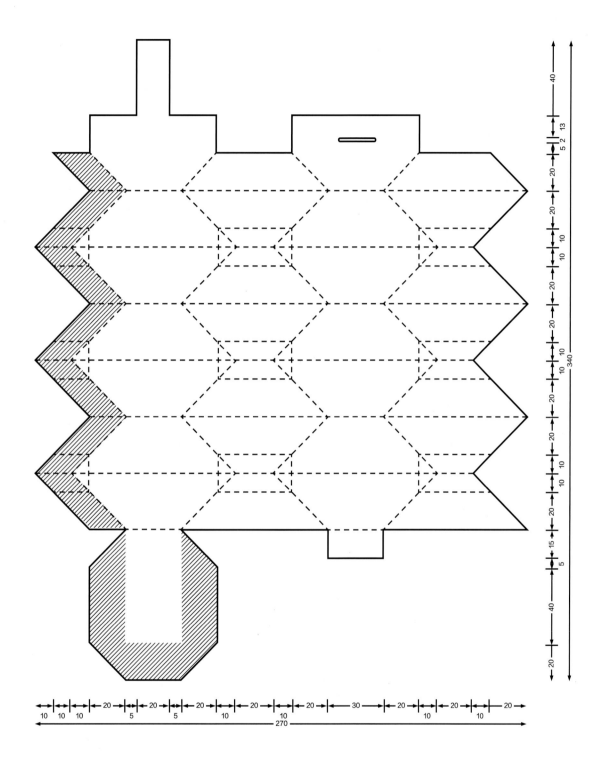

REFILL

巧克力包装 **|** Chocolate Packaging

　　这款巧妙的"一天一颗巧克力"的包装，结合了产品的特点，采取连续窝进式的结构将每颗巧克力独立包装，包装整体无须胶水黏合，绿色环保。卡扣的开合方式，便于使用者的拿取。此外，在包装材质上，选用便于回收利用的环保卡纸，可有效减少包装材料的污染和浪费。

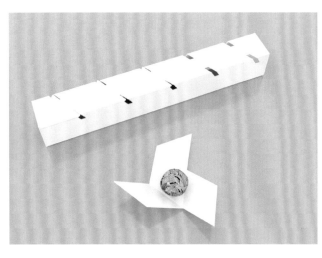

结构特点	连续窝进式结构
注意事项	无
适用范围	巧克力等点心
材料选择	环保卡纸

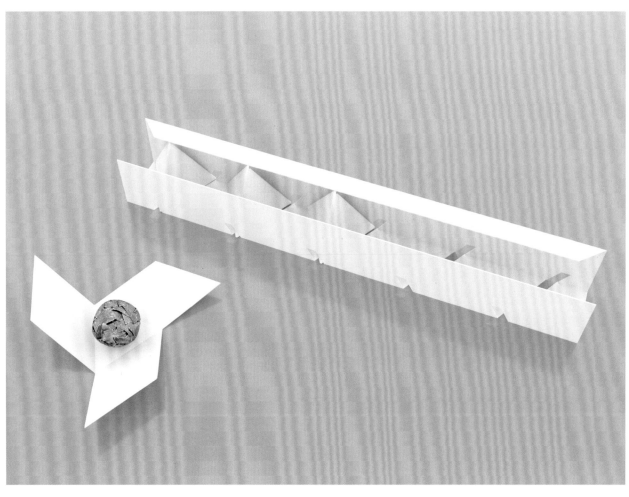

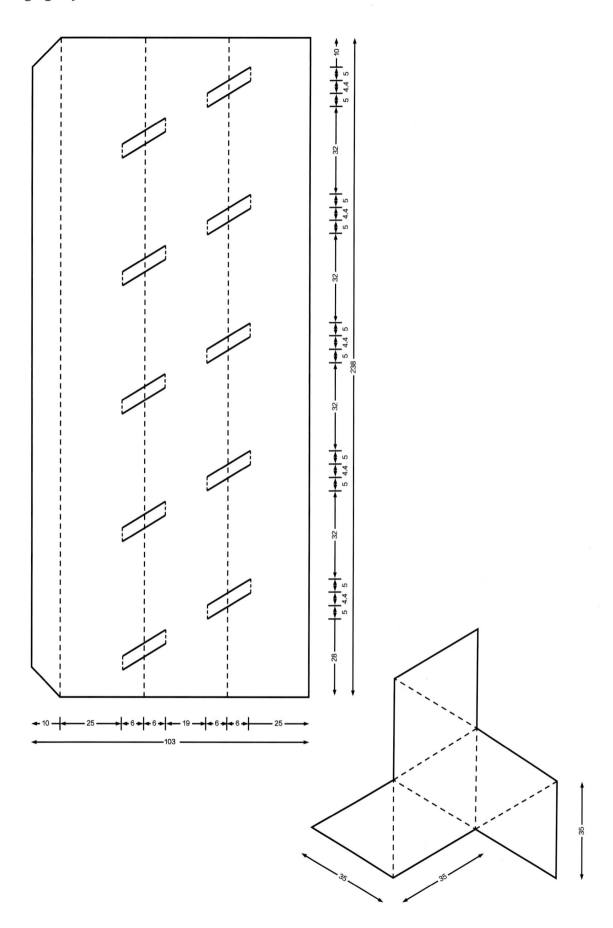

课后练习题

1. 设计一款可以反复填装产品的包装盒型结构，以提高产品包装的寿命，减少包装废弃物对生态环境产生的影响。

2. 到市场上考察一款符合 Refill 标准的包装盒型设计，并说明设计是如何延长包装的使用寿命的。

3. 用 Refill 的原理，分析一种包装实例并提出改进方案。

Degradable (可降解)

倡导选用易降解的材料，即材料可以在紫外线、土壤或者微生物的作用下进行自然分解，最终充分还原或分解，以无污染的形式重归大自然。目前各国都十分注重使用、发展能被降解的材料。本节展示了目前常见的可降解材料及其在包装上的应用实例，以期对Degradable理念的深入人心有所帮助。

包装"消失"

DEGRADABLE

教学实践

5

DEGRADABLE

玩具包装 | Toy Packaging

　　这款玩具包装通过简单的折叠方式，一纸成型，盒型侧面留出空间，可承载较为大型的玩具，充分利用了包装的空间。这款包装上部设置提手，可用绳子或丝带系合，方便使用者拿取。包装采用安全环保的环保牛皮纸，减少了材料的浪费。这款包装无须胶粘，便于用弃后的安全降解，降低对环境造成的污染。

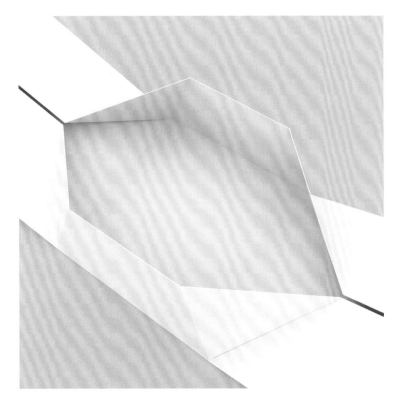

结构特点	一纸成型、无胶结构
注意事项	承载物不宜过重
适用范围	玩具
材料选择	环保牛皮纸

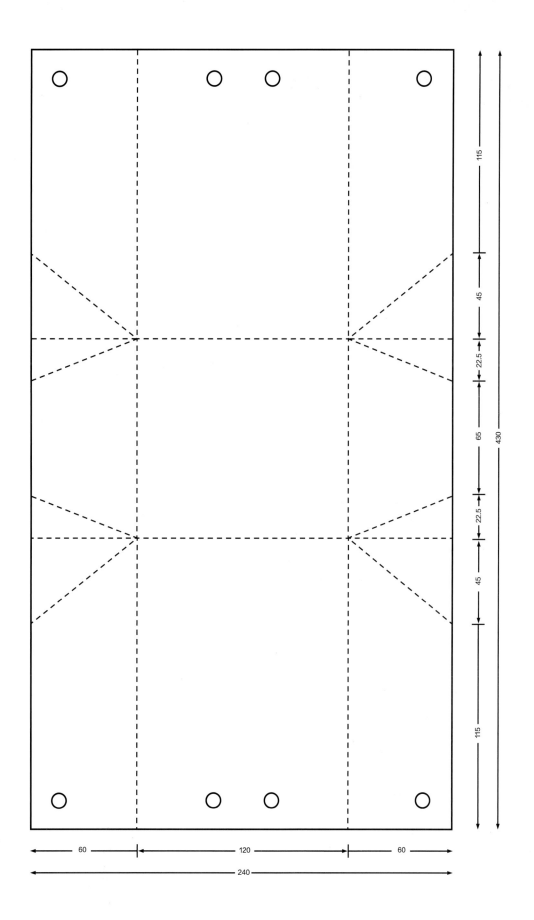

DEGRADABLE

鱼饵料包装 | Fish Bait Packaging

　　废弃的塑料包装常常造成各种环境问题，这令使用者感到头疼。这种难以降解处理的塑料正在给生态环境带来严重危害。而水溶性包装薄膜的发明与生产则改变了这一状况，其以无毒无污染的优势正被广泛运用在产品包装上。例如这款鱼饵料包装，充分发挥了水溶性材料冷水可溶的特点，包装遇水溶解，做到了包装的"消失"，与产品特性相辅相成，完美结合，具有很好的绿色环保功能。

结构特点	立体多边形结构
注意事项	贮存时须保持干燥，避免受潮
适用范围	鱼饵、虾饵等饵料
材料选择	水溶性材料

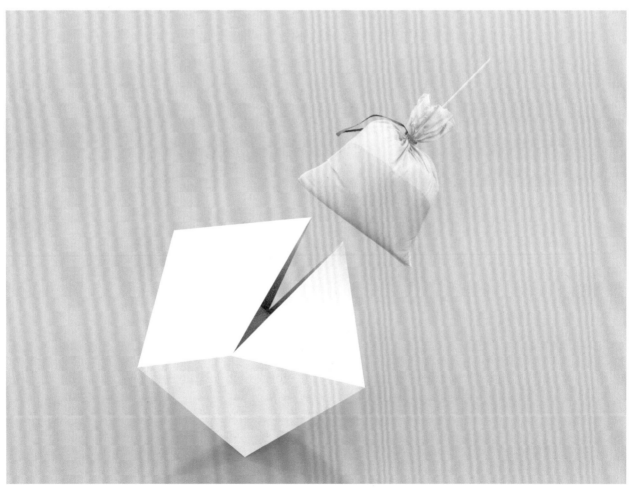

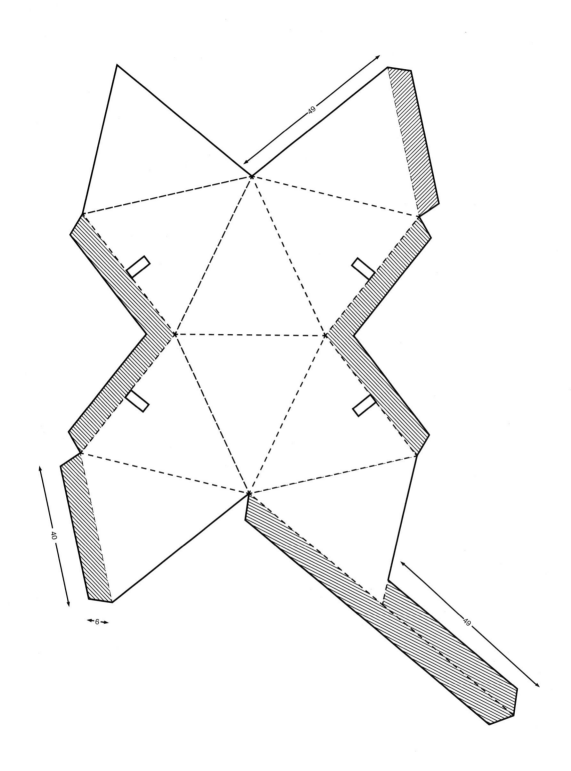

DEGRADABLE

种子包装 **|** Seed Packaging

这款具有创新结构的包装不仅可以盛装种子，同时也可直接作为花盆使用，在种子发芽后，可将此包装和幼苗一起直接栽种到土壤之中，包装材料本身无毒无污染，可安全降解，对环境不会造成破坏，做到了包装的"消失"。这款包装可成为儿童学习生物课的教学辅助产品，让儿童亲身了解种子发芽的过程，并且可培养儿童的环保理念。

结构特点	一纸成型、翻盖结构
注意事项	无
适用范围	种子
材料选择	环保牛皮纸、瓦楞纸

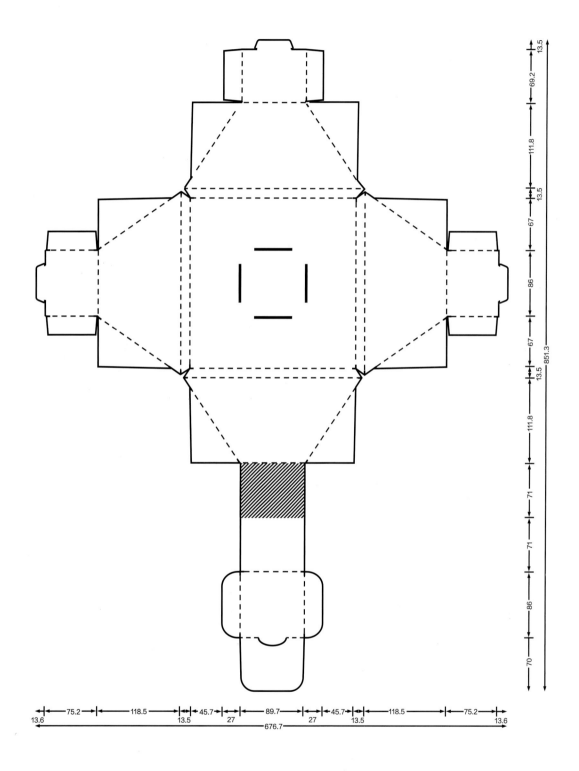

DEGRADABLE

蜂蜜包装 | Honey Packaging

　　这款蜂蜜包装采用天然材料——竹子作为主要的包装材质，编织竹篮的传统技艺与包装相结合，既富有浓浓的民间文化特色，又突出了蜂蜜纯天然、无污染的产品特征，同时兼具很好的保护功能与美观性，产生较好的视觉效果。此外，竹子作为原材料，具有很好的韧性和耐久性，绿色环保、坚固耐用，可重复使用，亦可安全降解，回归自然。绿色环保的包装设计真实地体现了可持续发展的环保理念。

结构特点	蜂窝式结构
注意事项	无
适用范围	罐装产品、水果等
材料选择	竹条

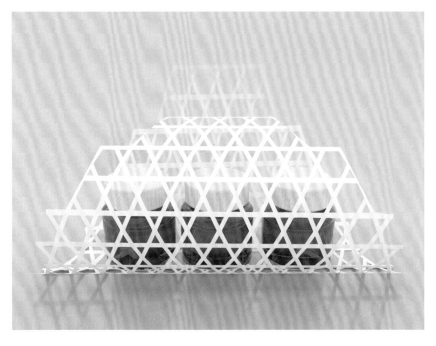

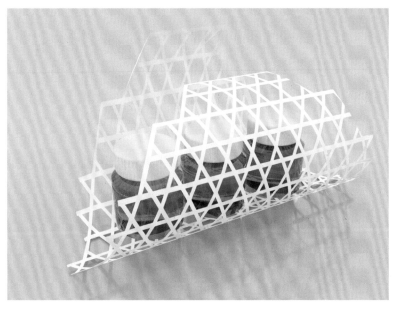

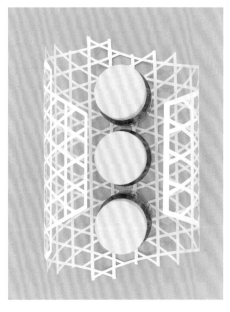

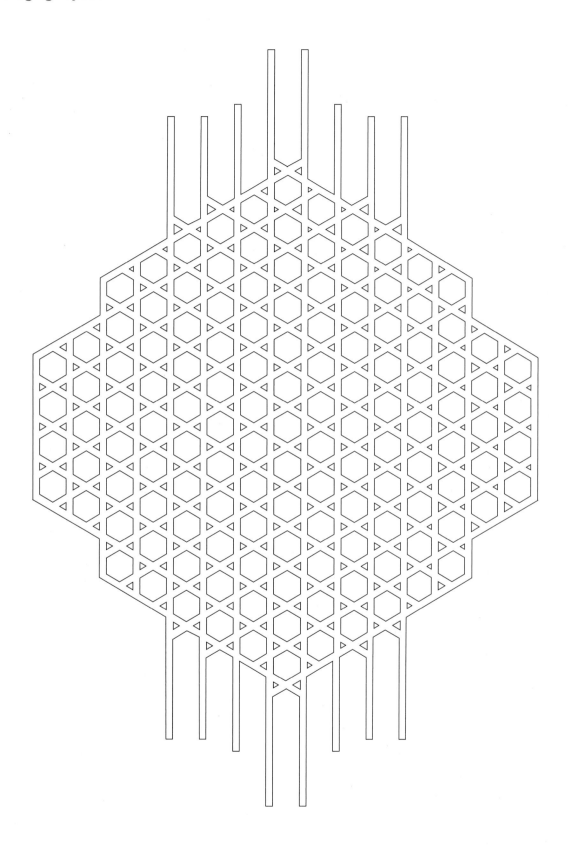

备注：根据材料特点，尺寸大小可按照需求自行定义。

DEGRADABLE

花苗包装 ┃ Flower Seedling Packaging

　　这款特别的花苗包装采用一纸成型的方式进行设计，并使用卡扣结构，可将花苗置于内部，在保护花苗免受挤压的同时也避免了塑料花盆的使用，减少了材料的浪费，并且包装本身兼具适合手提与运输两种方式的结构形态。包装连接处全部采用卡扣进行穿插连接，无须使用胶水黏合，可以在自然环境中降解，体现了循环利用的可持续的绿色设计理念。

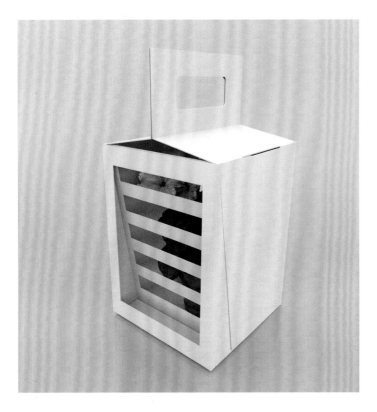

结构特点 一纸成型、无胶结构、卡扣结构

注意事项 镂空可以根据需要再设计

适用范围 花苗、蔬菜等

材料选择 瓦楞纸、环保牛皮纸等

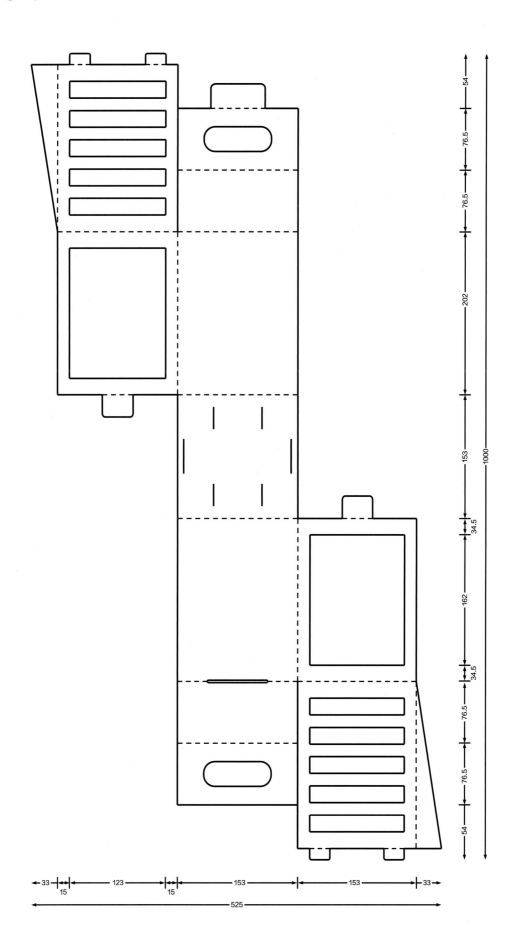

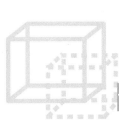

课后练习题

1. 设计并制作一款包装盒型，要求选用可降解的材料，即材料可在紫外线、土壤或者微生物的作业下进行自然分解，以无污染的形式重归大自然。

2. 利用天然的原材料，例如藤条、竹子等，设计一个产品的包装。

3. 市场考察一款符合 Degradable 标准的包装盒型设计，并说明其设计是如何让包装以无污染的形式重回大自然的。

4. 用 Degradable 的原理，分析一种包装实例并提出改进的方案。

5. 设计并制作一款可食用的产品包装，写出详细的设计步骤，并制作。

绿色包装将来时

The Future of Green Packaging

随着现代经济与科学技术的快速发展，人们对物质的追求日渐转化为对精神的追求。人们在生活水平、方式上的追求更加多层面、多样化，对于商品包装的思考也日渐增强。当今社会已从工业化时代逐步过渡到信息化时代，绿色包装设计的创新理念与发展也随着社会生活的变化而不断更迭。伴随着现代科技的进步与社会生活的变化，绿色包装设计未来的发展趋势是值得探讨的。

智能化

近些年来，智能技术的快速发展引起社会各行业的高度关注，自2016年人工智能机器人 AlphaGo 战胜世界围棋冠军以来，人们对于智能技术的探讨日渐频繁，智能化逐渐成为近些年国内外各界的共同话题。智能技术的应用领域不断扩大，逐渐深入日常生活，在这一大环境下，包装设计工作者也开始探究智能化与包装的创新结合。

智能化包装是近几年来新兴的融合信息控制技术、微电子技术、新材料研发、包装设计等多种技术的交叉性学科。智能化包装，指在包装过程中加入集成元件或利用新型材料、特殊的结构和技术，使包装具有模拟人类行为的功能，可以代替人在包装使用过程中的部分行为步骤，在满足传统包装功能的基础上，对产品的质量、流通安全、使用便捷等功能进行积极干预与保障，以更好地实现包装流通过程中使用与管理功能的新型包装。如今，智能化的技术更多地应用于包装设计的各个方面，这为绿色包装的设计提供了新的方法与创新思路，一些设计工作者提出绿色设计理念与智能化相结合的设计新方向，即在现有包装中融入智能化技术，使原有包装在满足绿色环保、健康安全的前提下更好地为消费者提供服务。

包装的智能化主要表现在材料、结构、技术等方面。如食物新鲜度的指示标签，能够根据食物的新鲜程度而改变色彩，让使用者直观了解食物的新鲜程度，这是智能的包装材料带来的便捷。这种类型在包装设计的应用日渐广泛，在此基础上，将绿色设计的理念与智能技术相结合，也是绿色包装设计可深入探讨的方向。例如，网购的流行带动快递行业的发展，促使快递包装材料产业快速发展，这也导致了很多包装浪费的问题和环境污染问题。将智能化技术引入快递包装的设计，既能够在确保包装功能的基础上，减少部分材料的使用，又能节约资源。

标准化

我国已颁布《包装资源回收利用暂行管理办法》，还颁布了《环保标志产品技术要求 胶印油墨》《限制商品过度包装要求 食品和化妆品》《包装与包装废弃物 第1部分：处理与利用通则》和《包装回收标志》等推荐性国家标准，这些标准的实行使得我国在包装的绿色环保方面取得显著的成果，同时，也反映出绿色包装的标准化对于环境保护建设的重要性。

绿色包装的设计需要关注各方面的绿色要素，在生产过程、材料、回收等问题上都应该遵循相应的标准。解决包装设计各环节的问题，法律法规的出台是关键一环。国家应建立相对应的绿色包装标准体系，如建立规范的绿色标志制度，对包装进行绿色评价，颁布相应的绿色标志，引导消费者进行绿色消费。以消费者的购买导向促使生产企业设计和选用绿色包装，推动包装制造企业进行绿色制造，以经济效益为杠杆，以绿色标志制度为导向，促使我国包装行业向健康、绿色的方向发展。

对绿色包装设计进行标准化建设，是促进绿色包装合理、高效发展的重要举措，绿色包装的标准化发展，是需要共同努力的方向。

人性化

概念提出至今，设计的理念、形式都在不断进步创新。当人们越来越重视自身精神满足的时候，设计的趋向也在照着"以人为本"的理念发展。"以人为本"主要有以下三种内涵：它是对人在社会历史发展中的主体作用与地位的肯定，强调人在社会历史发展中的主体作用与目的地位；它是价值取向，强调尊重人、解放人、依靠人和为了人；它是思维方式，就是在分析和解决一切问题时，既要坚持历史的尺度，也要坚持人的尺度。以人为本的设计是基于对人的生理和心理的正确认识，在考虑设计的同时要以人的需要为中心，要合乎生态环境的要求，合乎科学技术的要求，合乎商品自身的要求。通过设计，将产品的包装与功能、人文和环境条件结合起来，以满足人们对物质和精神的需求，这是设计的本质。以人为本的设计理念与绿色包装设计的目的相互融合，相辅相成，绿色包装设计坚持人与自然生态的和谐共存，这正是绿色包装的人性化设计需求。

人性化设计指产品在充分满足使用功能的基础上提倡以人为本，坚持以人为核心的设计理念，运用人体工程学和美学，体现人与物的紧密关联，其根本衡量标准是对人类情感和自然的关怀，在达到实用的基础上满足人的生理、心理需求和文化精神需求。绿色包装设计的理念与原则是人性化设计的体现，这种以人为本的精神内涵一直以来都是绿色包装设计的重要指导，它所倡导的以人为本、注重人与自然和谐关系的理念深深影响着绿色包装设计的过程，在减少包装材料浪费、创新可持续发展包装等方面都具有重要意义。

人性化的绿色包装设计正在影响着设计工作者，促使他们积极探寻包装与自然的共处形式，这种设计的理念也会是指导绿色包装设计的重要思想基础，人性化是未来绿色包装设计不可或缺的重要趋向。

交互式

人们对于现代包装设计的关注，随生活方式的改变而不断多样化，现代包装设计不只注重包装本身的功能，也逐渐关注与使用者的互动体验。"交互式"设计理念在国外早已经有了充分的研究，日本著名的设计大师原研哉就在其《设计中的设计》一书中指出，设计要与人进行充分的沟通；美国著名的心理学家唐纳德·诺曼的《情感化设计》和《设计心理学》也强调设计要以人为中心，要从使用者的需求出发。

"交互式"包装把消费者的心理目标需求作为设计的导向，改变包装传统的开启方式，使消费者充分参与其中，从视觉、触觉、听觉、嗅觉、味觉等多个方面刺激消费者的感官，利用这种交互行为，使消费者体验以往未有过的新奇感受。消费者打开包装的过程也是再创造的过程，这使消费者对商品包装有更深刻的共鸣。基于交互式理念设计的绿色包装既能够满足包装的绿色设计原则，又能满足追求情感化及个性化定制的消费体验。在包装设计呈现多元化的今天，"交互式绿色包装"符合现代社会产品包装设计的潮流，是产品包装设计的必然趋势。

交互式绿色包装设计以"用户情感体验"为中心，是能与人发生交流、互动的健康绿色的包装，包装材料对生态环境没有危害，对人体健康无公害，能循环再生、可持续发展，是智能化的包装设计。

交互式绿色包装设计采用全新的设计视角，人与包装之间以全新"活的"方式互动，信息不再从包装单向传递给消费者，消费者会积极参与形成双向传播，共同进行信息的交流、互动，获得生理舒适、心理愉悦的情感化体验。包装设计不单要注重包装本身的实用性和环保性，更应该关注包装与消费者之间的交流和情感互动体验。所以，融入交互设计理念是现代包装设计的趋势。

交互式设计在包装与人之间架起"桥梁"，融入交互理念的包装设计能够让使用者直观了解产品的信息，获得趣味，丰富产品消费带来的情感体验。讲究互动的绿色包装更能打动人心，为倡导绿色环保理念提供创造性的新途径。

在包装设计日趋多元化的今天，交互式的绿色包装设计在满足人的情感需求的同时，也契合可持续发展的科学发展观。这种设计融合以"以人为本"为主导的多因素的绿色设计理念，符合当今时代包装设计的发展主流，交互式的绿色包装在未来必然占有一席之地。

课后练习题

1. 作为设计师，你如何看待绿色包装的未来发展趋势？
2. 绿色包装未来发展趋势会对当下的包装行业产生什么样的影响？
3. 如何看待智能化、人性化对于绿色包装设计的推动作用？
4. 如何推动标准化趋势的进一步发展？
5. 如何根据行业发展趋势调整自己的设计生涯规划？

结语
Conclusion

中国传统儒家思想认为"天"是一种道德原则，人应该自觉遵循道德原则，促进人与自然的和谐相处。"天人合一"思想是中国古代的人们对人与自然环境和谐、互动关系的纯朴认识，是整体性的思想理念，强调世界万物都具备其内在价值，人是"天"即自然的一部分，应该与自然和谐相处，应该顺应自然规律。然而，工业的发展逐渐增加了自然资源的消耗，这一定程度上已经造成生态的不平衡。20世纪80年代末，绿色设计这一概念出现后，即倡导包装设计师按绿色理念进行设计，在包装的全生命周期里考虑资源与环境的关系，考虑所有相关性因素，将保护环境纳入设计意图，尽可能降低包装对环境的影响。此时包装设计师就要充当桥梁，结合自然与商业，尽最可能做到包装设计绿色化。

绿色包装要选择对生态环境和人类健康无害，能重复使用和再生，符合可持续发展要求的材料。包装附属于产品设计，设计师不能过分强调包装外观上的标新立异、华而不实，应深入了解各种包装材料的特性、成本、制作过程以及生产前后对环境的影响，以对环境、对人类更负责的态度和方法，设计出更为简洁、持久的绿色包装。其内涵其实就是，实现包装材料的无害化、长寿命、单一化以及再利用，有效地利用自然的快速再生材料，使其发挥最大作用，用简单的加工方法进行制作，使用后材料可以直接快速被自然降解吸收。"绿色包装解析"一章讲道，中国古代常用荷叶、竹筒等作为包装材料，就地取材，取之自然，还之自然。此外，延长包装的生命周期，延长其使用效能也是绿色包装设计理念所倡导的。要实现这一理念，就需要设计师充分了解包装材料特性、使用场景、运输方式等，这样才能使绿色包装的益处最大化。因此，设计时应尽量选择单一且满足功能的材料，方便回收再利用。

包装材质的软硬、厚薄、质感会影响造型，包装造型必须借助所使用材料特性和各部位具体的结构来组合完成，还须依据特定的包装功能与产品性状进行设计，确定各部位间的具体结构以及组合方式，使用不同的包装形态。因此，在满足基本功能的基础上，要尽可能增加结构的稳定性、安全性及减少黏合剂的使用。在包装设计行业要倡导"适度包装"的设计理念，即包装设计要"轻、薄、短、小"，在保障安全的基础上，易于运输、码放，减少体积、重量，精简结构，从而降低消耗，减少垃圾。在设计时，要选用绿色材料，采用绿色制造工艺，进行绿色包装设计与绿色物流设计，实现包装的绿色回收利用等，让自然与商业进行更有机的融合。

现在，越来越多的企业投入绿色包装的研发事业，其中不乏像麦当劳这样的商业巨头。此前，麦当劳为测试新的包装解决方案和回收计划，在德国柏林购物中心开设"Better McDonald's Store"，替换了所有食品和饮料的塑料包装：可食用华夫饼杯取代调味品小袋和容器，纸吸管取代塑料吸管，塑料餐具换成木制餐具，麦乐鸡块的纸板包装变为纸袋包装。这是快餐行业的先行尝试。测试结果显示，大多数消费者认可麦当劳采取无塑料包装的环保举措，但也有消费者觉得细节上仍有很大的改进空间。我国企业也积极投入绿色包装设计的推广活动中，如西贝莜面村正在计划针对外卖配送餐试推水溶环保袋，其最高承受温度为70℃，由可食用型材料制成，遇热遇水即溶，该环保袋包装设计较为简单，底部没有硬纸板支撑，提手也不进行加粗设计，由于承重有限，仍在进一步改良中，还未大面积推广。在全球范围内，企业社会责任对消费者购买决策的影响日益加大，消费者更愿意为有环保和社会责任意识的企业买单。2018年，中国连锁经营协会携手联合国环境署驻华代表处在北京发布《中国可持续消费研究报告》，该报告称：中国有超过七成的消费者已具备一定程度的可持续消费意识，约一半中国消费者愿意为可持续产品支付不超过10%的溢价。许多事例证明，越来越多的企业有绿色责任感，在这样的趋势下，设计师应该充当企业与消费者之间沟通的桥梁，做好绿色包装设计的用户体验环节，让消费者真切感受到企业绿色包装的善意，准确传达企业的绿色观念，反映消费者的绿色包装诉求，使企业与消费者之间的互动形成良性循环。总之，绿色包装的推广需要设计师作为沟通者推动企业与消费者之间的对话。

政府重视，媒体响应，包装行业全力推广，在这样的大环境下，倡导绿色包装，是设计师义不容辞的使命。设计师要将绿色包装理念铭记在心，并运用到包装设计之中，增加环保材料的使用，推崇材料的循环再利用，在考虑完成包装商品任务的同时，全面评估包装的绿色程度，推动包装设计符合未来趋势，从而有助于缓解资源逐渐匮乏、环境污染严重等危及人类生存的共同问题。

参考文献

托尼·伊博森，彭冲.环保包装设计 [M].潘潇潇，译.桂林：广西师范大学出版社，2016.

维克多·帕帕奈克.为真实的世界设计 [M].周博，译.北京：中信出版社，2013.

Ankit Agarwal，Ashish Singhmar，Mukul Kulshrestha. Atul K. Mittal. Municipal solid waste recycling and associated markets in Delhi，India[J]Resources，Conservation and Recycling，2005(04).

Yunchang Jeffrey Bora，Yu-Lan Chien，Esher Hsu. The market-incentive recycling system for waste packaging containers in Taiwan[J]Environmental Science & Policy，2004(07).

曾凤彩，王雯婷，王富晨.从绿色包装模式谈包装减量化设计在可持续发展战略中的重要性 [J].包装世界,2014(01).

胡名芙.科学技术与我国古代包装的嬗变 [J].中国包装,2011(11).

李砚祖.艺术设计概论 [M].武汉：湖北美术出版社，2009.

李昭，孙建明，王小芳等.基于减量化理念的绿色包装设计研究 [J].包装学报,2018(04).

刘立伟.从生态角度看包装设计 [J].装饰,2006(12).

栾丽.减量化理念的绿色包装设计研究 [J].科技创新导报,2019(02).

马雪子.绿色包装设计：可持续性包装设计研究现状 [J].工业设计，2016(12).

孟思源.设计学角度下的过度包装研究 [D].湖南工业大学,2008.

欧阳慧.绿色品牌包装创新研究 [M].长春：吉林大学出版社，2018.

商毅.包装的善意：谈商品包装与设计师的社会责任 [J].天津美术学院学报,2013(03).

佚名.生命周期评价对可持续包装的影响 [J].绿色包装，2016,(06).

石岩.包装中的绿色理念 [J].湖南包装,2010(04).

苏文燕.关于绿色包装的减量化设计 [D].天津：天津科技大学,2017.

孙明.PACAGE 创新维度：可持续设计的路径与方法 [M].北京：人民美术出版社,2015.

田振兴.基于趣味性的智能化预调酒包装设计 [D].株洲：湖南工业大学,2017.

王君，王微山，苏本玉等.绿色包装国内外标准对比 [J].包装工程,2017(19).

王澜，杨梅.从3R 原则分析绿色包装设计 [J].包装工程,2008(02).

王少桢.极简主义风格包装设计研究 [D].西安：西安美术学院,2012.

王晓萌.产品包装绿色设计的研究 [D].北京：华北电力大学,2017.

王鑫婷，方芳，朱仁高等.包装产品的全生命周期评价 [J].绿色包装,2019(08).

席涛.绿色包装设计 [M].北京：中国电力出版社,2012.

肖金亭.基于综合评价理念的绿色包装设计评价体系的研究 [D].株洲：湖南工业大

学,2013.

徐雅慧. 绿色包装可持续设计理念的重要性和普及性延伸研究 [D]. 沈阳:鲁迅美术学院,2018.

姚雪艳. 包装设计的绿色策略研究 [J]. 中国包装工业,2015(16).

张锦华,贾铭钰,张弘弢等. 设计伦理与绿色包装设计 [J]. 绿色包装,2017(08).

张明. "零包装":包装设计存在之思与发展之途 [J]. 装饰,2018(02).

国家标准化管理委员会. 包装与环境 第3部分:重复使用 [S].2018.

朱华,王莉. 浅析可持续性绿色包装设计 [J]. 美术大观,2014(02).